LA

Métallurgie

EN FRANCE

PAR

URBAIN LE VERRIER

Ingénieur en Chef au corps des Mines
Professeur de Métallurgie au Conservatoire des Arts et Métiers
Professeur de Physique à l'École des Mines

Avec 66 Figures intercalées dans le texte

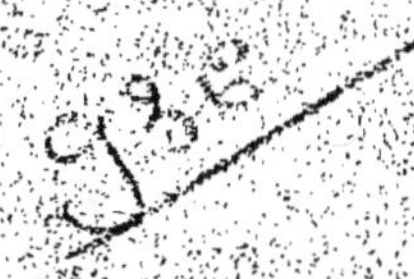

PARIS

LIBRAIRIE J.-B. BAILLIÈRE ET FILS

RUE HAUTEFEUILLE, 19, PRÈS DU BOULEVARD SAINT-GERMAIN

1894

LA

Métallurgie en France

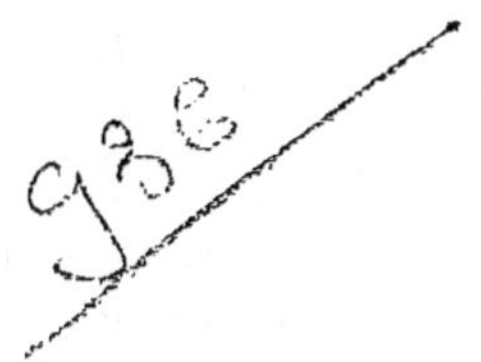

LIBRAIRIE J.-B. BAILLIÈRE et FILS

BERNARD (F.). — *Eléments de paléontologie*, 1895, 1 vol. in-8 . . . 25 fr.

BLEICHER (M.-G.). — *Les Vosges*, le sol et les habitants 1889, 1 vol. in-16 de 326 pages, avec 28 figures (*Bibliothèque scientifique contemporaine*). 3 fr. 50

BOUANT (E.). — *La galvanoplastie, le nickelage, la dorure et l'argenture*, 1894, 1 vol. in-16 de 400 pages avec 100 figures, cartonné (*Encyclopédie de chimie industrielle*). . . . . 5 fr.

CONTEJEAN. — *Eléments de géologie*, 1 vol. in-8 de 859 pages, avec 467 fig., cartonné . . . . 16 fr.

FOUQUÉ. — *Les tremblements de terre*, 1888, 1 vol. in-16, avec 50 figures (*Bibliothèque scientifique contemporaine*) . . . . 3 fr. 50

GUN (Colonel). — *L'artillerie actuelle* : canons, fusils et projectiles, 1888, in-16 de 340 pages, 60 fig. (*Bibliothèque scientifique contemporaine*). 3 fr. 50

— *L'électricité appliquée à l'art militaire*, Paris, 1889, 1 vol. in-16 de 380 p., avec 140 fig. (*Bibliothèque scientifique contemporaine*) . . . . 3 fr. 50

HALPHEN (G.). — *La pratique des essais commerciaux et industriels*, 1892, 2 vol. in-18 de chacun 350 pages, avec figures. Matières minérales, 1 vol. — Matières organiques, 1 vol. (*Bibliothèque des connaisssances utiles*). Chaque volume . . . . 4 fr.

HUXLEY. — *Les problèmes de la géologie* et de la paléontologie, 1891, 1 vol. in-16 de 350 pages, avec fig. (*Bibliothèque scientifique contemporaine*) . . . . 3 fr. 50

KNAB (L.). — *Les minéraux utiles et l'exploitation des mines*, par L. KNAB, 1 vol. in-16 de 392 pages, avec 74 figures, cartonné. . . . . . 5 fr.

LEFÉVRE (Julien). — *Dictionnaire d'électricité et de magnétisme*, applications aux sciences, aux arts et à l'industrie, 1 vol. in-8 de 1122 pages, avec 1125 figures . . . . 25 fr.

LEJEAL (Ad.). — *L'aluminium*, le magnésium, le baryum, le strontium, etc. Introduction par U. LE VERRIER, 1894, 1 vol. in-16 de 357 pages, avec 37 fig., cart. (*Encyclop. de chimie industr.*) . . . . 5 fr.

RENAULT (B.). — *Les plantes fossiles*, in-16 de 350 pages, avec 50 figures (*Bibliothèque scientifique contemporaine*) . . . . 3 fr. 50

RICHE (Alfred). — *Monnaie, médailles et bijoux*, essai et contrôle des ouvrages d'or et d'argent, 1889, in-16 de 396 pages, avec 65 figures (*Bibliothèque des connaissances utiles*). . . . . 4 fr.

RICHE (A.) et GELIS. — *L'art de l'essayeur*, 1 vol. in-16 de 304 pages, avec 94 fig., cartonné (*Bibliothèque des connaissances utiles*). . . . . . 4 fr.

SAPORTA (Ant. DE). — *Les théories et les notations de la chimie moderne*, 1888, in-16, 320 pages, fig. (*Bibliothèque scientifique contemporaine*). . 3 fr. 50

TRUTAT (E).— *Les Pyrénées*, les montagnes, les glaciers, les eaux minérales, les phénomènes de l'atmosphère, la flore, la faune et l'homme, 1894, 1 vol. in-16 de 371 pages, avec figures. . . . . 5 fr.

WEISS. — *Le cuivre*, par WEISS, ingénieur des mines, 1894, 1 vol. in-16 de 400 pages, avec 96 figures, cartonné (*Encyclopédie de chimie industrielle*). . . . . 5 fr.

WITZ (A.). — *La machine à vapeur*, 1891, 1 vol. in-16 de 324 pages, avec 80 figures, cart. (*Bibliothèque des connaissances utiles*) . . . . . 4 fr.

Lyon. — Imp. PITRAT AÎNÉ, **A. Rey** Successeur, 4, rue Gentil. — 7757

LA
Métallurgie
EN FRANCE

PAR

URBAIN LE VERRIER

Ingénieur en Chef au corps des Mines
Professeur de Métallurgie au Conservatoire des Arts et Métiers
Professeur de Physique à l'Ecole des Mines

Avec 66 Figures intercalées dans le text·

PARIS

LIBRAIRIE J.-B. BAILLIÈRE ET FILS

RUE HAUTEFEUILLE, 19, PRÈS DU BOULEVARD SAINT-GERMAIN

1894

Tous droits réservés

PRÉFACE

Jusqu'au milieu de ce siècle, la métallurgie est restée un art purement empirique.

Les usines, de dimensions restreintes, ne traitaient que les minerais locaux. Chaque pays, chaque province même avait sa méthode, ses traditions aveuglément conservées; ainsi on distinguait, pour l'affinage du fer, les procédés franc-comtois, bourguignons, champenois, wallons, etc.

Les traités sur cette matière n'étaient que des recueils de recettes pratiques où l'on notait avec un soin minutieux les dimensions de chaque appareil, où l'on décrivait minutieusement sans les discuter les moindres détails de chaque opération, même les plus insignifiants.

L'invention des chemins de fer a provoqué un développement et une transformation complète des usines. Il a fallu créer un outillage plus puissant pour réaliser des fabrications plus difficiles et des productions beaucoup plus considérables : la facilité des transports, amenant la concurrence, permettant d'élaborer des minerais de provenance lointaine, a forcé les industriels à modifier leurs méthodes, à les discuter ; à les comparer entre elles.

La métallurgie restée jusqu'alors dans l'enfance est entrée dans une période de croissance rapide, dont le terme a été marqué par la découverte des procédés Bessemer et Martin, qui ont fait de l'acier fondu un produit courant.

Depuis 1870, une nouvelle impulsion a été donnée à la métallurgie par le développement et la transformasion incessante des armements, des constructions métalliques, et ausssi par les progrès de l'électricité industrielle.

En même temps que l'outillage s'agrandissait encore,

les recherches stimulées par ces besoins nouveaux, par la concurrence qui s'établissait entre tous les pays producteurs, faisaient entrer la métallurgie dans ce qu'on pourrait appeler la phase scientifique. Les méthodes de travail, mieux étudiées et mieux connues s'unifiaient dans leurs principes, pendant qu'elles prenaient plus de souplesse pour se prêter à toutes les circonstances.

Aujourd'hui ce n'est plus par province qu'on classerait les procédés métallurgiques ; partout on traite les mêmes minerais de la même manière, et c'est la différence des matières premières ou celle des produits à obtenir qui amène et justifie entre les moyens de fabrication des différences rationnelles au lieu des variantes empiriques qu'on y trouvait autrefois.

On a appris aussi à varier à l'infini les produits, et à multiplier les alliages doués pour chaque usage de propriétés spéciales.

Enfin l'électricité a doté la métallurgie de ressources nouvelles et puissantes, dont nous commençons seulement à voir les premiers effets.

C'est l'histoire de cette dernière période que j'ai essayé d'esquisser, en exposant les principaux progrès accomplis, ceux du moins qui intéressent l'Industrie.

Un des caractères de cette évolution de la métallurgie, c'est le rôle de plus en plus important que prennent les recherches scientifiques. Aussi ai-je consacré le premier chapitre de ce livre à l'exposé des nouveaux procédés d'étude des métaux, et notamment aux travaux si remarquables de M. Osmond. Je lui dois beaucoup de remerciements, ainsi qu'à M. Guillemin, pour les photographies que ces deux savants ont bien voulu me communiquer et sans lesquelles la description des études microscopiques eût été inintelligible [1].

Dans les chapitres suivants, je passe en revue l'état actuel en France des principales industries métallurgiques, en rappelant seulement les procédés qui sont connus depuis longtemps, et donnant quelques détails techniques sur ceux qui sont plus récents.

Diverses circonstances ayant retardé l'achèvement de

---

[1] Il existe, en Allemagne et en Angleterre, des écoles, des instituts possédant des laboratoires parfaitement outillés pour les recherches métallurgiques : il n'en est malheureusement pas ainsi en France : des travaux d'une portée pratique ne peuvent y être faits que dans les laboratoires industriels ou dans ceux qui sont annexés aux ateliers de la guerre, de la marine, et il est rare que les résultats en soient publiés.

ce livre, l'impression des premiers chapitres remonte déjà à quelque temps, et on y trouvera des anachronismes que je dois rectifier.

C'est ainsi que j'ai parlé au futur de la coupole de l'Exposition de Lyon dont on commençait l'érection et qui est aujourd'hui un des spécimens les plus remarquables de construction métallique.

L'arrêt des forges de l'Ariège, dont j'ai parlé dans le deuxième chapitre, n'a été que momentané : sous l'impulsion d'une administration nouvelle, cette usine a repris aujourd'hui une grande activité.

Parmi les faits récents d'ordre technique, je signalerai le procédé Harvey pour le durcissement des blindages. Il consiste à cimenter la face antérieure des plaques d'acier en les chauffant sur un lit de charbon : puis une trempe à l'eau par aspersion donne à cette surface caburée une dureté capable d'arrêter et de briser tous les projectiles. Ce système a été inventé en Amérique ; en l'appliquant aux blindages d'acier au nickel, les forges françaises, notamment celles de Montluçon ont obtenu des résultats tout à fait remarquables.

Parmi les progrès scientifiques, je signalerai les travaux de M. Charpy, de M. Hartmann, qui ont apporté des documents nouveaux d'une grande importance sur la constitution de l'acier et ses transformations moléculaires.

Un obstacle qu'on rencontre souvent dans les études métallurgiques, c'est le secret traditionnel dont la plupart des industriels croient devoir s'entourer ; ces précautions sont rarement efficaces contre les concurrents, qui arrivent presque toujours à se procurer les renseignements dont ils ont un réel besoin, mais elles paralysent ceux qui poursuivent des recherches scientifiques et désintéressées et ne peuvent user des mêmes moyens détournés d'information.

Aussi en est-on souvent réduit à des indications vagues et trompeuses sur tout ce qui est nouveau.

J'adresse donc mes plus vifs remercîments aux industriels dont les noms sont cités dans ce livre et qui ont bien voulu m'ouvrir leurs ateliers.

Pour illustrer ces pages et en rendre la lecture moins aride, j'ai eu la bonne fortune de pouvoir puiser largement dans l'intéressante collection du *Génie Civil* : j'en remercie de tout cœur notre sympathique rédacteur en chef, et je ne puis regretter qu'une chose, c'est qu'en

me prêtant avec tant de bonne grâce ces gravures,
M. de Nansouty n'ait pas pu me prêter aussi le secret
qu'il possède d'exposer les questions industrielles d'une
manière si claire et si attrayante.

Urbain Le Verrier.

30 juin 1894.

LA MÉTALLURGIE

EN FRANCE

CHAPITRE PREMIER

PROCÉDÉS NOUVEAUX D'INVESTIGATION
POUR L'ÉTUDE DES MÉTAUX

Évolution de la métallurgie. — I. Applications du microscope à
l'étude de la structure des métaux. — II. Applications du pyromètre Le Chatelier à l'étude des propriétés physiques des métaux.

Un des caractères de l'évolution de la métallurgie de
nos jours, c'est la tendance à sortir de la phase empirique, où on employait aveuglément des recettes traditionnelles, pour entrer dans une voie de progrès méthodique, où le fabricant cherche à utiliser toutes les
ressources de la science pour s'éclairer sur la nature
des matières qu'il travaille, sur la valeur des procédés
qu'il emploie, et sur les progrès dont ils sont susceptibles.

Je vais résumer ici quelques méthodes nouvelles
d'investigation, qui commencent seulement à s'intro-

duire dans les forges et dans les usines, mais qui me paraissent appelés à rendre de grands services.

Les métaux qu'on est habitué à considérer comme le symbole de la rigidité sont loin de se comporter comme des corps insensibles et invariables. En pratique, ils ne sont jamais purs, et les éléments étrangers qui y sont alliés en petites quantités modifient leurs propriétés. En outre, leurs qualités mécaniques sont essentiellement variables avec leur structure, avec l'arrangement réciproque de leur molécule. Non seulement ces qualités varient d'un échantillon à l'autre; mais, pour un échantillon donné, elles ne sont pas définitives, et peuvent changer sous l'influence de diverses causes, telles que l'action de la chaleur, ou le mode de travail.

Les métaux sont donc des organismes complexes, délicats, sensibles à mille influences intérieures ou extérieures. On serait presque tenté de dire des êtres organisés, sujets à des maladies et à des caprices. Car celui qui vit dans leur intimité est exposé à des surprises fréquentes. Parfois, tel lingot, coulé et travaillé comme les autres, présentera des défauts dont on ne pourra découvrir la cause et le remède. Parfois au contraire, un échantillon offrira par hasard des qualités précieuses, qu'on s'efforcera vainement de reproduire dans d'autres expériences.

Pour étudier ces questions, la science ne disposait guère que d'un instrument, l'analyse chimique. Cette méthode d'observation n'apprenait rien sur la structure du métal. Elle opérait, en quelque sorte, sur le cadavre. Il fallait détruire, dissoudre le métal pour en déterminer la composition.

Ce n'est que depuis peu d'années, qu'on possède des méthodes, encore bien imparfaites, pour aborder ce qu'on peut appeler la biologie des métaux, c'est-à-dire, pour étudier leur organisation intime, leurs fonctions essentielles, les transformations dont ils sont susceptibles.

Les recherches ont été poussées par deux voies différentes :

1° L'*examen microscopique* a permis d'acquérir quelques données sur la structure des métaux; il en fait pour ainsi dire l'*anatomie;*

2° Les *études physiques* montrent comment les propriétés essentielles et mesurables des métaux telles que la résistance, la conductibilité, la dilatation, etc., se modifient sous l'influence des agents extérieurs : c'est ce qu'on pourrait appeler la *pathologie* du métal.

I. Applications du microscope à l'étude de la structure des métaux.

Quand on brise une barre de métal, on reconnait que le même corps peut donner, suivant la manière dont il a été préparé ou travaillé, des cassures d'un aspect très différent. Le grain peut être grossier ou fin, terne ou brillant : il peut offrir des faces cristallines, ou montrer l'aspect cireux d'une matière amorphe et homogène. A l'aide de ces caractères empiriques, un ouvrier exercé peut formuler, sur un métal avec lequel il est familiarisé, un diagnostic assez sûr, en deviner les qualités ou les défauts, et distinguer parfois des nuances qui échapperaient à l'œil d'un savant.

Mais le procédé d'observation ne donne que des résultats grossiers, et ne conduit à aucune notion précise sur la structure. S'il peut suffire dans la pratique, quand on a seulement à contrôler une fabrication bien connue, il ne permet pas d'analyser les phénomènes observés, et d'étudier méthodiquement des faits nouveaux.

Les figures 1 et 2 représentent des cassures de métal : si on les compare aux coupes microscopiques données plus loin, on verra combien ces dernières sont plus nettes et plus instructives.

Du reste, la cassure ne reproduit pas fidèlement le grain du métal : les efforts nécessaires pour le briser l'ont disloqué, et ont modifié sa structure. Une même barre de fer pourra offrir une cassure grenue ou fibreuse, suivant qu'on l'aura brisée par choc brusque ou par flexion lente.

Si, au lieu de casser le métal, on le rabote à l'outil et qu'on l'use par polissage, on peut y pratiquer des sections qui n'ont pas subi d'effort mécanique exagéré et qui ont conservé leur structure naturelle. Sur ces faces polies, l'œil ne distingue plus rien et il faut s'armer du microscope.

Ici se présente une difficulté, celle d'éclairer convenablement l'objet dans les observations microscopiques ; on opère sur des lames minces et transparentes, mais aucun procédé ne peut amincir le métal au point de le rendre translucide. Il faut donc l'éclairer par dessus.

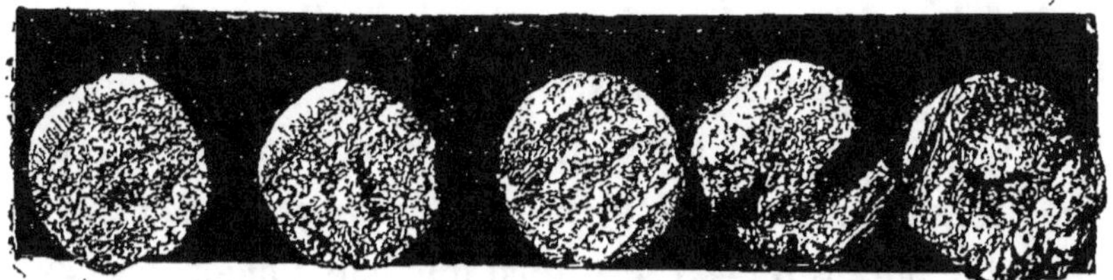

Fig. 1. — Fer chauffé au blanc.

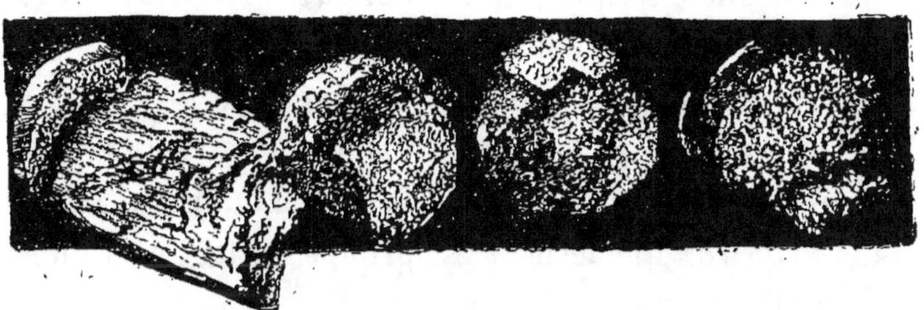

Fig. 2. — Fer chauffé au rouge cerise.

Si le grossissement est faible, on y arrive avec des réflecteurs courbes disposés latéralement. Quand on veut amplifier beaucoup, on est forcé, pour mettre au point, d'abaisser l'objectif du miscrocope presque jusqu'au contact de l'objet. Celui-ci ne peut donc plus recevoir de lumière par côté : on dispose alors, dans le tube même du microscope, une petite lamelle de verre réfléchissant un faisceau lumineux qui vient à travers la lentille se réfléchir sur la surface métallique :

Pour mettre en évidence les détails de structure, on attaque cette surface par un réactif faible (acides étendus, bichlorure de mercure, etc.), qui dissout le métal sur une épaisseur extrêmement petite. Les parties les plus dures, les plus compactes, ou celles qui ont une composition spéciale, résistent mieux à cette attaque et restent en relief. On voit alors se former des dessins qui mettent en évidence la forme et l'arrangement des particules métalliques. C'est ainsi que, sur l'acier, les parties carburées formèrent un réseau de côtes saillantes, noires, entre lesquelles on distinguera les grains et les cristaux de fer brillant.

Structure de l'acier. — Influence du travail et de la trempe. — La figure 3 montre la structure d'un acier fondu qui s'est refroidi lentement dans la lingotière ; on voit que le fer s'est groupé en agglomérations cristallines assez volumineuses. Un tel métal manque de ténacité : les faces des cristaux y forment une infinité de plans de séparation facile.

L'acier de la figure 4 a été forgé au rouge, ce travail a empêché les molécules de se grouper, et il n'y a plus trace de structure cristalline, le fer se présente sous la forme de noyaux arrondis ou ovales, enveloppés par le carbure.

C'est ce que M. Osmond a appelé la structure *cellulaire* : les particules des deux substances y sont en

Fig. 3. — Acier fondu.

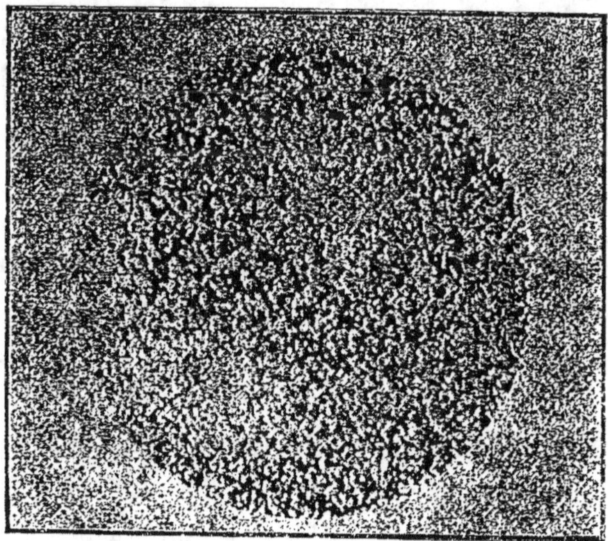

Fig. 4. — Acier forgé.

quelque sorte feutrées et enchevêtrées, de manière à former un ensemble résistant et malléable. C'est le type dont on doit chercher à se rapprocher. On peut l'obtenir

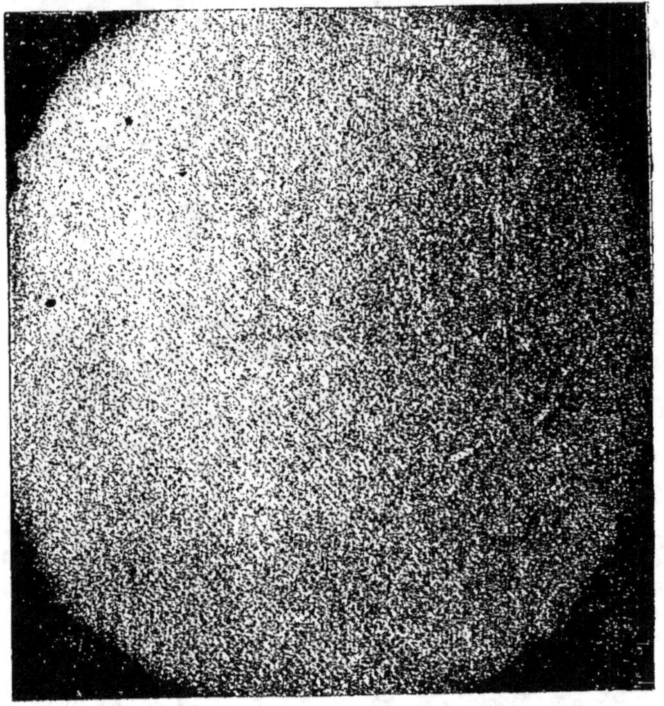

FIG. 5. — Acier trempé à l'eau.

par un martelage suffisant fait à bonne température : mais on y arrive aussi par d'autres moyens.

Si le métal, au lieu de se refroidir lentement, est traité brusquement par la trempe à l'eau, les groupements cristallins n'ont pas le temps de se former. On obtient un grain excessivement fin. Les deux substances, comme on le voit figure 5, sont à peine séparées. Elles forment une masse presque homogène, à structure qu'on pourrait appeler vitreuse : un tel métal est très résistant, mais dur, peu malléable. Il casse

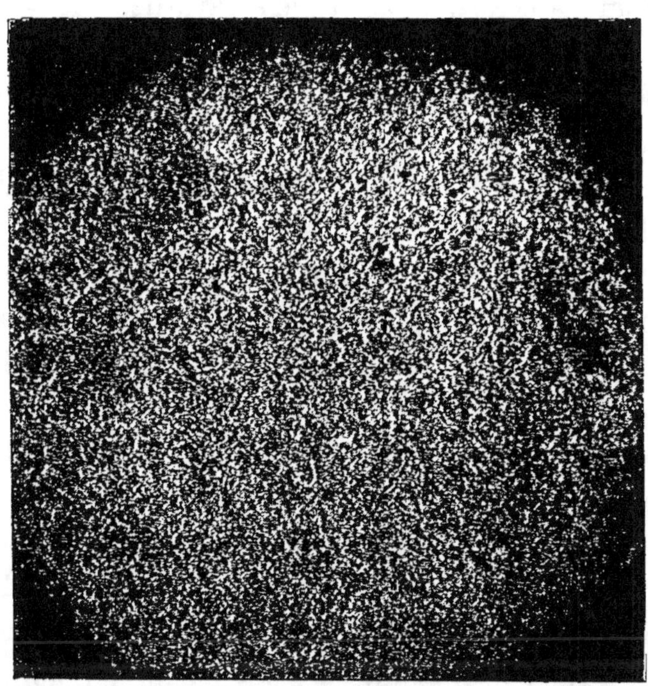

Fig. 6. — Acier trempé à l'huile.

plutôt que de se déformer, et, pour beaucoup d'usages, il serait trop aigre.

Si la trempe est suivie d'un recuit à bonne température, les molécules reprennent une certaine mobilité : le fer peut s'isoler en noyaux, le grain devient moins fin, et le métal moins cassant. Avec une trempe douce à l'huile, le refroidissement est assez rapide pour empêcher la cristallisation, mais assez lente pour que les noyaux de fer s'isolent : on obtient alors la structure cellulaire, comme on le voit sur la figure 6, presque identique à celle d'un acier bien travaillé.

Ainsi, on peut remplacer jusqu'à un certain point l'action du forgeage par celle d'une trempe modérée, ou d'une combinaison convenable de trempes et de recuits.

Si le recuit est poussé trop loin, au-dessus d'une certaine température les molécules prennent trop de mobilité. Elles reforment des agrégats cristallins. La figure 7 représente le métal de la figure 6 qui a été réchauffé jusqu'à 1100 degrés. Il est redevenu presque aussi cristallin que s'il n'avait pas été forgé. C'est ce qu'on appelle un acier brûlé. Ces défauts pourront être corrigés par une trempe bien conduite.

Utilité pratique de ces études. — Plusieurs grandes usines françaises, comme le Creusot, Montluçon, emploient aujourd'hui couramment le microscope pour vérifier la qualité de leurs métaux. D'après les échantillons que j'ai eu occasion d'examiner au Conservatoire, je crois que ce mode d'examen peut donner, dans la pratique des indications précieuses à deux points de vue :

1° Il permet de découvrir, dans des métaux qui paraissent sains à l'œil nu ou même à la loupe, une foule de soufflures microscopiques, de cavités extrêmement petites, qui, malgré leurs dimensions minimes, ne peuvent que nuire à la résistance.

2° Il permet de voir jusqu'à quel point le forgeage ou la trempe ont produit leur effet jusqu'au cœur d'un lingot. On observe des différences de cristallinité très

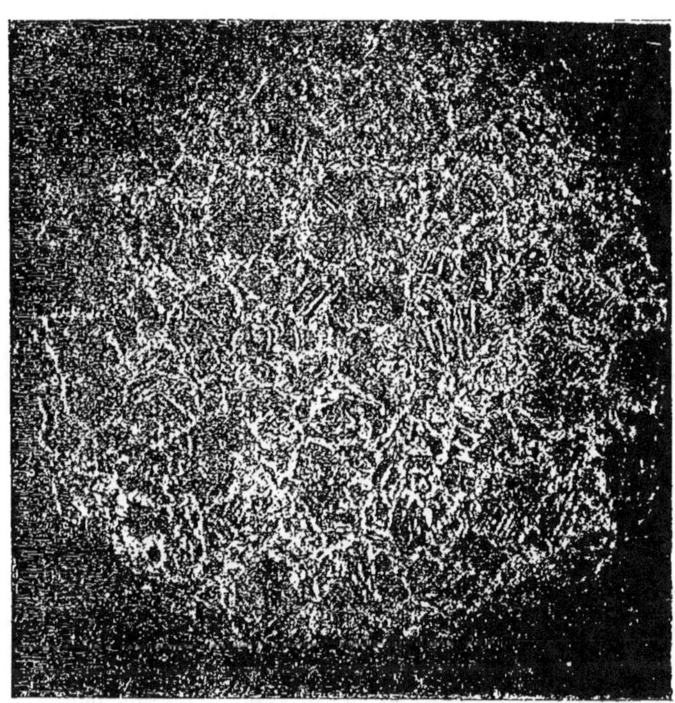

FIG. 7. — Acier recuit à 1100.

sensibles entre le centre et la surface d'une pièce un peu volumineuse. Le microscope les rend très nettes et donne les moyens de les mesurer avec précision, car on peut déterminer la dimension exacte des grains, traduire par des chiffres les notions vagues dont on s'est contenté jusqu'à présent. La différence entre ces dimensions mesurées dans les deux parties peut servir de mesure mathématique à l'efficacité du travail qu'on a fait subir au métal.

FIG. 8. — Bronze phosphoré, d'après M. Guillemin.

Structure des alliages du cuivre. — Les métaux autres que le fer montrent aussi des formes cristallines. M. Guillemin a montré qu'il suffisait de très petites traces de corps étrangers pour changer ces formes. Ainsi le phosphore, dans le cuivre et dans les bronzes, détermine des arborisations caractéristiques, des dendrites découpées comme des feuilles de fougères (fig. 8), et cet effet subsiste quand la dose de phosphore est trop faible pour être constatée à l'analyse. Ces cristallisations arborescentes paraissent l'indice d'un bain initial bien fluide. Les bronzes au manganèse ont

Fig. 9. — Bronze au manganèse, d'après M. Guillemin.

un grain très serré; c'est comme un feutrage d'aiguilles cristallines qui se réunissent souvent en étoiles (fig. 9), cette structure est presque toujours l'indice d'un métal dur et résistant. Le bronze à l'aluminium ou au silicium montre des divisions en prismes par des espèces de fentes de retrait (fig. 10).

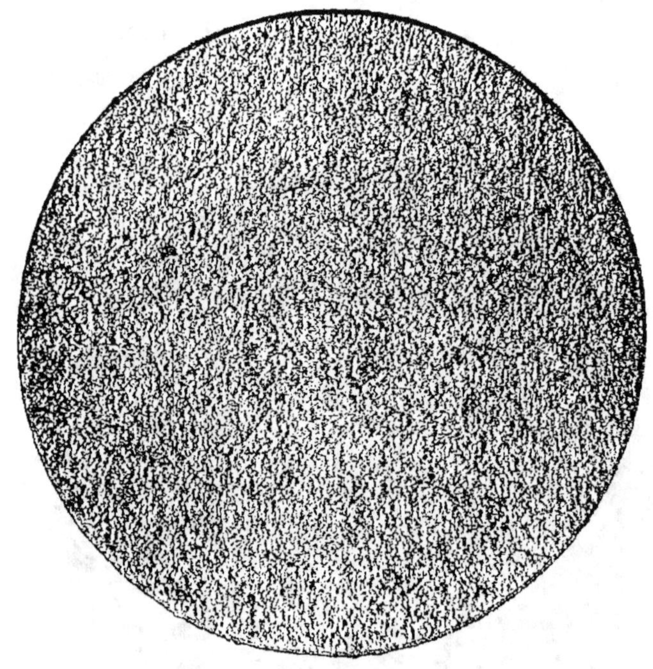

Fig. 10. — Bronze à l'aluminium, d'après M. Guillemin.

II. Applications du pyromètre Le Chatelier à l'étude des propriétés physiques des métaux.

Parmi les études physiques, je signalerai surtout celles qui ont été entreprises avec l'aide du pyromètre de M. Le Chatelier.

Mesure des hautes températures. — Les propriétés caractéristiques des métaux n'ont été guère mesurées jusqu'à présent qu'à la température ordinaire ou dans l'intervalle de 0 à 100 degrés. On manquait de moyens pratiques d'évaluer les températures élevées : les expériences devenaient très longues et pénibles dès qu'on voulait dépasser le rouge. Les travaux de Pouillet, de M. Violle sur le platine, de M. Pionchon sur la chaleur spécifique du fer, du nickel et de cobalt, avaient fourni quelques données précieuses, mais trop rares : peu de physiciens avaient pu entreprendre des recherches si laborieuses.

Depuis longtemps, on se servait pour mesurer les températures dans certaines expériences, des couples thermoélectriques : en chauffant le point de contact de deux métaux on détermine la naissance d'un courant dont l'intensité varie avec la température. C'est un genre de thermomètre très commode ; mais les couples utilisés jusqu'à présent ne pouvaient servir qu'à des températures assez basses, car les métaux qu'on employait s'altéraient par la chaleur. Il fallait leur substituer des métaux réfractaires.

Il fallait en outre que la chaleur ne modifiât pas leurs propriétés de manière à ne pas troubler les actions électriques développées contre eux.

Principe et avantages du pyromètre Le Chatelier. — Après de longues recherches, M. Le Chatelier est arrivé à résoudre le problème avec un couple composé d'un fil de platine pur et d'un fil de platine rhodié (alliage de 90 de platine et 10 de rhodium environ). Ces deux fils sont soudés ou simplement liés ensemble à l'une de leurs extrémités : à l'autre bout, ils sont fixés aux bornes d'un galvanomètre très sensible (système Deprez-d'Arsonval).

Le courant qui se développe quand on chauffe la soudure est faible, mais contrairement à ce qui se passe pour beaucoup d'autres métaux, il varie régulièrement avec la température et peut servir à la mesurer tant qu'elle n'atteint pas le point de fusion du platine.

Cet appareil ne présente pas seulement l'avantage de pouvoir supporter des températures élevées : il possède encore sur les thermomètres ordinaires une supériorité très importante pour le sujet qui nous occupe ; c'est qu'il donne des mesures instantanées, et qu'il permet de suivre les variätions de température d'un corps, quelque rapides qu'elles soient.

On sait que, pour mesurer la température d'une enceinte avec un thermomètre à mercure, il faut attendre un certain temps. On voit la colonne liquide monter de plus en plus lentement avant de devenir stationnaire ; ce n'est qu'à ce moment qu'on peut faire une lecture exacte. Il a fallu ce temps pour que la masse de mercure remplissant le réservoir s'échauffât tout entière et se mît en équilibre avec la température de l'enceinte. Il est évident que, si cette dernière s'était refroidie ou réchauffée dans l'intervalle, le thermomètre ne nous apprendrait rien de précis. Il peut donc servir à mesurer une température stationnaire, mais non à suivre les changements d'une température variable. Il faut, en outre, que le réservoir, dont le volume est assez considérable, soit plongé tout entier dans l'enceinte à étudier, et, par suite, que celle-ci possède une température uniforme sur un certain espace. On ne peut pas connaître par ce moyen la température d'un corps solide dont la masse est faible.

Le pyromètre électrique, lui, peut donner à chaque instant la température exacte d'un corps, quelque petit qu'il soit. Cela tient à ce qu'il ne contient pas de masse à échauffer avant de faire la mesure ; ou du moins cette masse est insignifiante. La partie de l'appareil qui doit se mettre en équilibre de température avec le corps à étudier ne se compose que du contact des deux fils fins ; c'est pour ainsi dire un point mathématique, qui pour s'échauffer n'exige qu'un temps infiniment petit.

Si l'on met l'extrémité des deux fils en contact avec un morceau de métal en train de se refroidir ou de se réchauffer, à chaque instant on connaîtra son état calorifique. On a en main une sorte de sonde délicate qu'on introduit dans les reins du métal, ou, si l'on veut, un moyen de lui tâter le pouls et de voir comment il supporte les influences extérieures auxquelles on veut le soumettre.

Le microscope donne l'anatomie d'un métal ; le pyromètre permet d'en faire en quelque sorte la pathologie. En effet, comme les phénomènes biologiques, les changements moléculaires ou chimiques se traduisent par des dégagements ou des absorptions de chaleur, qui amènent des variations momentanées dans la température du corps en expérience; on peut donc les suivre avec le pyromètre.

Travaux de M. Osmond, sur les points singuliers du fer et de l'acier. — M. Osmond a le premier employé cette méthode élégante et simple pour étudier les points singuliers du fer et de l'acier. En appliquant le pyromètre sur un morceau d'acier chauffé au rouge blanc, et qu'on laissait refroidir, il en a suivi le refroidissement. Le galvanomètre Deprez-d'Arsonval indique l'intensité du courant par la rotation d'un petit miroir sur lequel on fait tomber un faisceau lumineux. Le faisceau réfléchi tourne avec le miroir et vient projeter sur une échelle transparente un index lumineux. Cet index se déplace à mesure que la température varie, et en cheminant sur l'échelle il traduit aux yeux le refroidissement de l'acier. Tant qu'il ne se passe rien d'anormal le refroidissement est régulier et l'index avance d'une manière continue vers le point de l'échelle qu'il occupe à la température de 0 degré. Mais, à certains moments, on le voit s'arrêter, parfois même osciller, et ce n'est qu'après un intervalle de temps notable qu'il reprend sa route. Le refroidissement a donc été ralenti ou suspendu; il y a même eu réchauffement momentané : comme il n'y a aucune cause extérieure pour l'expliquer, cela ne peut provenir que d'un phénomène intérieur, tel qu'un changement moléculaire accompagné de dégagement de chaleur.

Théorie de la trempe. — C'est par ce moyen

d'étude si délicat que M. Osmond a fait faire un grand pas à la théorie de ce phénomène mystérieux qu'on appelle la *trempe*, et dont l'acier a pour ainsi dire le privilège. Il a montré que, lorsqu'on refroidit lentement un morceau de fer chauffé au rouge, il se produit à une température fixe (vers 750 degrés) un dégagement de chaleur et un changement d'état moléculaire. Le fer doux à froid est donc en quelque sorte un autre corps que le fer chaud. La transformation n'est pas instantanée, il lui faut un certain temps pour s'accomplir. Si on accélère le refroidissement en plongeant le fer rouge dans l'eau, la transformation n'a plus le temps de se faire. Le métal reste à un état moléculaire anormal qui explique sa dureté.

L'effet est beaucoup plus sensible avec l'acier, pour deux motifs :

1° La présence du carbone retarde la transformation : les fers carburés ne subissent leur changement moléculaire qu'à une température plus basse, et il est plus facile de l'empêcher par la trempe.

2° Un phénomène chimique vient ajouter son effet au premier. Si l'on expérimente sur un barreau d'acier, au lieu d'un morceau de fer pur, on observe à une haute température (vers 630 degrés) un autre dégagement de chaleur. A ce moment le carbone, qui n'était que dissous dans le fer, se combine à lui. Cette modification est aussi entravée par la trempe, car en attaquant l'acier trempé par des réactifs convenables (tels que l'acide sulfurique étendu, additionné d'acide chromique), on peut en extraire du carbone libre, qu'on ne trouve pas dans l'acier recuit.

On s'explique aussi les effets de trempes douces : si l'on plonge le métal dans un liquide comme l'huile qui le refroidit moins vite que l'eau, la transformation moléculaire s'accomplit en partie; l'acier est en quelque sorte à demi trempé.

La trempe produit dans certains cas un effet opposé à celui qu'elle a d'ordinaire : il y a des métaux qu'elle adoucit au lieu de les durcir.

Ce fait, inexplicable tant qu'on cherchait aux effets produits une cause purement mécanique, devient facile à comprendre.

Nous avons vu plus haut que la trempe empêche les métaux de cristalliser : or un métal cristallin est toujours cassant. Ainsi, en dehors de son effet tout spécial sur l'acier, l'influence mécanique de la trempe doit être plutôt adoucissante.

Cette influence apparaîtra seule s'il s'agit de corps qui n'ont pas de points critiques et qui ne subissent pas de changement moléculaire dans les limites de température où nous opérons.

En effet, certains bronzes s'adoucissent par la trempe et il en est de même des alliages de manganèse dont je parlerai bientôt.

Influence des corps étrangers sur la trempe. — La plupart des corps étrangers qui peuvent être alliés au fer ou à l'acier ont pour effet de modifier la manière dont ce métal se comporte au refroidissement : ils déplacent les points critiques, qui n'ont plus lieu aux mêmes températures.

M. Osmond a étudié ces phénomènes et montré que, à ce point de vue, les différents corps se divisent en deux classes. Les uns abaissent le point critique : ils agissent comme le carbone, retardent la transformation moléculaire et retiennent le fer à l'état β[1] jusqu'à une température plus basse : ils favorisent donc la trempe et la facilitent. C'est le cas du nickel, du manganèse, du tungstène.

D'autres corps, comme le silicium, agissent en sens inverse. Ils relèvent les points critiques, c'est-à-dire qu'ils accélèrent la transformation du fer β en fer α. Ils s'opposent donc à la trempe, qui ne pourra se réaliser qu'à plus haute température. Néanmoins, comme ils ont tous, par eux-mêmes, la propriété d'augmenter la dureté naturelle de l'acier, leurs alliages, tout en étant plus difficiles à tremper, pourront devenir aigres après la trempe, par suite de leur dureté exagérée.

L'influence d'un corps étranger varie naturellement avec la proportion plus ou moins forte qui s'en trouve dans l'acier : ce qui est plus curieux, c'est que, en faisant

---

[1] M. Osmond désigne par la lettre α l'état normal du fer refroidi lentement, par la lettre β l'état du fer à chaud qui peut se conserver dans le métal trempé.

varier la teneur, l'action du même corps peut s'inter-vertir au moins en apparence. La trempe, favorisée par de faibles doses, semble devenir impossible quand ces doses dépassent une certaine limite. Il est aisé de s'en rendre compte.

Propriétés spéciales des alliages riches en man-ganèse ou en nickel. — Ainsi pour un acier contenant 1 pour 100 de manganèse, le point critique s'abaissera à 700 degrés; par suite, si on prend cet acier recuit, dans lequel le fer est à l'état α, pour le tremper il suffira de le réchauffer au-dessus de 700 degrés. Le fer sera alors repassé à l'état β, et un refroidissement brusque l'y maintiendra; tandis que, pour produire le même effet sur un acier ordinaire, il faudrait le chauffer d'abord jusqu'à 800 degrés. L'acier manganésé se trempera donc à plus basse température, et, par suite, la trempe y produira des effets plus énergiques, parce que, le métal étant moins chaud, son refroidissement par l'eau sera plus rapide.

Mais si la proportion de manganèse devient très forte, le point critique, continuant à s'abaisser, peut arriver à être à des températures voisines de zéro, ou même infé-rieures. Cela revient à dire qu'il n'y a plus de point critique, que le fer reste toujours à l'état β. Dès lors, la trempe ne doit plus produire d'effet sensible, puisque la transformation qu'elle est destinée à empêcher n'est pas possible. Les alliages à plus de 7 pour 100 de manga-nèse sont en effet très durs et le restent toujours : mais cette dureté n'augmente pas par la trempe, pas plus qu'elle ne diminue par le recuit : ces métaux ne prennent pas la trempe, en un mot, parce qu'ils l'ont toujours et sont incapables de la perdre.

Un phénomène d'un autre ordre vient confirmer cette manière de voir : ces alliages ne sont pas magnétiques ; ils conservent à toute température cette propriété négative que le fer acquiert aux températures élevées, au-dessus de son point critique.

J'ai dit plus haut qu'au point de vue purement mécanique, abstraction faite de transformations chimiques et moléculaires spéciales à l'acier, l'action de la trempe sur la stucture des métaux devrait être plutôt de les adoucir, de les rendre plus susceptibles d'allongement. C'est ce qui arrive pour les alliages dont je viens de parler. Comme ils ne subissent pas de transformations moléculaires, la trempe n'agit plus qu'en modifiant leur structure ; elle n'augmente pas leur résistance, mais elle augmente leur faculté d'allongement.

Ces propriétés des alliages riches en manganèse ont semblé paradoxales quand on les a observées pour la première fois. Si l'on part du fer doux, ou très peu carburé, qui ne prend pas la trempe, l'addition d'un peu de manganèse rend les effets de la trempe de plus en plus énergiques à mesure que la dose augmente ; mais, au-dessus d'une certaine proportion, ces effets, au lieu de s'accentuer encore, s'annulent tout d'un coup. Au premier abord, il y a là une anomalie bizarre, mais elle n'est qu'apparente et s'explique, comme nous l'avons vu, par la connaissance plus exacte que nous avons aujourd'hui du mécanisme de ces phénomènes. Si l'alliage manganésé échappe à l'action de la trempe, c'est par une raison toute différente de celle qui produit les mêmes effets apparents sur le fer pur. Ce dernier métal ne durcit pas, tandis que l'autre reste toujours dur : pour le fer doux, la trempe est impossible parce qu'il faudrait la faire à trop haute température, pour l'acier manganésé, elle est inutile parce qu'elle se produit pour ainsi dire spontanément, à toute température. L'effet produit par le manganèse à haute dose est donc bien l'exagération de celui qu'il produit à dose plus faible, quoiqu'il donne lieu à des apparences inverses. A force de faciliter la trempe, il la rend spontanée ; c'est ainsi que le métal redevient indifférent aux conditions de refroidissement, à peu près comme l'était le fer pur, mais pour un motif tout autre.

J'ai cru devoir insister sur ces considérations délicates, parce que les propriétés de ces alliages sont peut-être la meilleure preuve expérimentale en faveur de la nouvelle théorie de la trempe proposée par M. Osmond. Il est difficile de soumettre cette théorie à des vérifications directes ; mais en la voyant expliquer très bien un ensemble de faits nouveaux pour lesquels elle n'a pas été faite, et qui à d'autres points de vue sembleraient étranges, presque contradictoires, on ne peut refuser de reconnaître qu'elle doit contenir tout au moins une bonne part de vérité, et que, si les progrès de la science la modifient, ils ne la renverseront sans doute pas tout entière.

Les alliages avec le nickel présentent des particularités analogues ; à petites doses (2 à 3 pour 100) comme on l'introduit dans les aciers, ce corps abaisse le point critique et favorise la trempe ; mais si l'on dépasse la teneur de 20 pour 100, le point critique s'abaisse au-dessous de 0, la trempe ne produit plus d'effet sensible, et le métal n'est pas magnétique aux températures ordinaires. Il le redevient à 15 degrés au-dessous de zéro, qui est la température de son point critique ; il se recuit par le froid au lieu de se recuire par la chaleur.

On a proposé le ferro-nickel pour les constructions navales, parce qu'il ne troublerait pas comme le fer les indications de la boussole. Mais on se demande si, dans les glaces polaires, il ne pourrait pas redevenir magnétique et produire alors des perturbations d'autant plus graves qu'on ne s'en méfierait pas.

Points singuliers des alliages fusibles. Liquations. — Les mêmes méthodes appliquées à l'étude des alliages fusibles mettent en lumière certains faits intéressants, notamment celui-ci :

Dans un morceau de métal solide en apparence, il peut subsister, au-dessus d'une certaine température, des composés chimiques ou des alliages encore fondus. La solidification ne se fait pas d'un coup comme on croit le voir, mais par parties successives. Ainsi un bronze fait avec de l'étain et du cuivre, s'il n'est pas devenu homogène par des fusions réitérées, donne en se refroidissant, longtemps après qu'il paraît solide, des points d'arrêt à diverses températures ; celles-ci sont toujours les mêmes et correspondent aux points de liquation d'alliages définis. On peut constater que, tant que la dernière solidification partielle n'est pas faite, le métal n'a pas de résistance et s'écrase sous le marteau.

Le pyromètre peut donc servir à contrôler la fabrication des alliages. Un alliage homogène ne donnera pas de points d'arrêts multiples au refroidissement ; si on constate, on sera averti que l'alliage est sujet aux liquations et on saura à quelles températures elles peuvent se produire.

Si au lieu d'expérimenter sur un alliage binaire de cuivre et d'étain, on prend un alliage ternaire contenant aussi une certaine proportion de zinc, on constate que les points critiques sont bien moins prononcés ; les arrêts du pyromètre au refroidissement deviennent à peine sensibles. On s'explique ainsi l'influence bienfaisante qu'une addition de zinc exerce sur les bronzes; elle prévient dans une certaine mesure les liquations et rend l'alliage plus homogène.

CHAPITRE II

FABRICATION DE LA FONTE

I. Minerais de fer. — II. Fabrication de la fonte. — III. Centres de production de la fonte en France.

Le développement de la métallurgie du fer est intimement lié aux progrès de la civilisation ; il en est même une des conditions nécessaires. Cette métallurgie n'est pas seulement une de nos industries les plus importantes : elle est l'auxiliaire indispensable de toutes les industries qui lui demandent l'outillage dont elles ont besoin. Aussi a-t-elle dû se transformer plusieurs fois dans le courant de ce siècle, et chaque jour on la voit renouveler ses méthodes ou s'enrichir de nouveaux procédés. J'essayerai d'esquisser à grands traits la marche de cette évolution en insistant seulement sur quelques points capitaux.

La fabrication d'une pièce de fer ou d'acier comporte trois actes. On n'extrait pas directement ce métal de ses minerais : on l'obtient d'abord sous forme d'alliage avec le carbone. Ce produit, qu'on appelle *fonte*, doit être affiné pour éliminer le carbone, et obtenir des lingots d'*acier* ou de *fer brut*. Enfin, ceux-ci subissent une élaboration mécanique qui leur donne leur forme définitive, et qui en même temps modifie leur structure interne, augmente leur résistance et leur malléabilité.

Ainsi, nous avons à étudier : 1° La *fabrication de la fonte ;* 2° l'*affinage de la fonte* pour la transformer en *fer* ou en *acier ;* 3° les *procédés de travail mécanique de ces métaux.*

I. Minerais de fer.

La fabrication de la fonte au haut fourneau est la base de la métallurgie du fer ; c'est elle qui assure à un district industriel la prospérité la plus solide. Là où il n'y a pas de la fonte à bon marché, les usines ne peuvent vivre que par les fabrications spéciales ; situation précaire où il faut se maintenir par une lutte incessante, modifier sans cesse son outillage et ses procédés pour n'être pas distancé. Avec de la fonte à bon marché, on joue sur le velours. Le forgeron qui élabore le fer pour le transformer en produits marchands est un ouvrier qui n'a rien à attendre que de son industrie et de son travail. Le fondeur qui a sous la main de beaux gisements pour alimenter ses fourneaux est un rentier auquel il suffit d'administrer sagement les richesses que la nature lui a données.

Classification des minerais de fer. — Les minerais de fer peuvent se diviser en deux grandes catégories. Les uns sont d'origine *filonienne*, les autres d'origine *sédimentaire*.

Les premiers se trouvent en amas ou en filons, surtout dans les terrains anciens, parfois aussi dans les terrains secondaires : ils se composent principalement de minéraux anhydres, comme le carbonate (fer spathique), le fer oligiste, l'hématite rouge (sesquioxyde de fer), le fer oxydulé magnétique. Les seconds se sont déposés en couches ou en lentilles dans tous les terrains, surtout dans le jurassique ou dans le tertiaire; le fer y est à l'état d'oxydes hydratés. Certains hydrates, comme l'hématite brune, sont des produits d'altération qui se rencontrent à la partie supérieure des gîtes de première catégorie.

Les gisements sédimentaires sont souvent plus réguliers et plus faciles à exploiter que les autres : mais ils sont moins riches et moins purs, presque toujours souillés par la présence de phosphates : ils donnent difficilement du fer de bonne qualité. Les minerais filoniens sont presque toujours purs, et avaient autrefois le privilège presqu'exclusif de fournir de l'acier ou des fers supérieurs.

C'est à ses gisements d'oxyde magnétique, que la Suède doit la vieille réputation de ses fers : la Styrie

2.

trouve dans ses amas de carbonate la matière première d'aciers naturels presqu'inimitables.

Minerais purs en filons ou en amas. — La France n'est pas très riche en minerais purs. Les filons de fer spathique d'Allevard sont presque les seuls qui soient l'objet d'une exploitation active, et l'usine qui s'y est établie a conservé la spécialité de certains produits fins. Il y a aussi de beaux filons de carbonate dans les Basses-Pyrénées : ils sont peu exploités. Les gisements d'oxydes anhydres et d'hématite brune abondent dans la chaîne des Pyrénées : les petites forges au bois y prospéraient jadis, et cette région a même donné son nom à l'ancienne méthode de traitement au bas foyer (méthode catalane) (fig. 11). Mais ce n'est plus guère qu'un souvenir [1]. Avec la difficulté des transports, ces mines ne pouvaient soutenir la lutte et garder leur place dans la grande industrie moderne; un petit nombre, comme celle de Rancié, sont encore l'objet d'une exploitation peu importante. Sur le versant du Canigou on trouve plusieurs amas de peroxyde : la mine de Filhols est la plus connue. Ses produits sont de très bonnes qualités, ils n'ont que le défaut d'être trop friables, de donner trop de poussières. Ils entrent dans le lit de fusion de beaucoup d'usines du Midi et du Centre.

Le gîte de Rancié donne un exemple unique en France, celui d'une mine en propriété indivise gérée

---

[1] Voy. Trutat, *les Pyrénées.*

Fig. 11. — Forge à la catalane.

par l'Etat ; elle appartient à plusieurs communes pour le compte desquelles l'Administration la fait exploiter. Les résultats de cette organisation collectiviste n'ont rien d'encourageant. Les installations sont restées rudimentaires, en grande partie par la faute des habitants rebelles à tout progrès : ainsi la descente du minerai se fait à dos de mulets : on aurait réalisé une économie sérieuse en établissant des plans inclinés ou des câbles porteurs, comme cela se fait dans les pays de montagne : mais c'était bouleverser les traditions ; les mulets faisaient partie des familles, ils avaient droit au travail. Le minerai était livré aux forges de Pamiers (actuellement en liquidation [1]), le bénéfice restait presque tout entier aux mains des magasiniers dont l'intermédiaire s'imposait et qui étaient devenus les vrais maîtres du pays.

Minerais d'Algérie et d'Espagne. — C'est au bassin de la Méditerranée que nous empruntons nos minerais supérieurs. Il y en a beaucoup en Algérie ; le célèbre amas de Mokta envoie ses produits presque dans tous les pays métallurgistes, même aux États-Unis. Avec lui, c'est le pays des mines de Bilbao qui alimente la plupart des grandes aciéries.

Nos usines du Centre et du Midi, comme le Creusot et les Forges de la Loire, ont dû longtemps à l'emploi de ces minerais méditerranéens leur prépondérance en

---

[1] Les usines ont été reprises depuis.

matière de fabrication d'acier. Aujourd'hui le mouvement industriel se déplace, le minerai de Bilbao se traite plutôt dans les usines plus voisines des ports de l'Océan comme au Boucau (près Bayonne), à Trignac (près Saint-Nazaire), à Denain (Nord).

Du reste on sait maintenant tirer parti des minerais les plus médiocres ; et en fait de gisements sédimentaires notre pays possède un des bassins les plus riches et les plus favorisés, celui de Meurthe-et-Moselle.

Minerais en couches. — Le minerai oolithique y forme des couches presqu'indéfinies au milieu des calcaires jurassiques. Elles ont d'abord été exploitées aux affleurements, et, après la guerre de 1870, le traité de Francfort nous a enlevé presque toute la partie alors connue de ces beaux gisements. Mais l'industrie lorraine ne s'est pas découragée. Des maîtres de forges n'ont pas craint de déplacer de grandes usines pour venir les rebâtir sur la terre française. On a retrouvé peu à peu le prolongement en profondeur des couches oolithiques. Sur toute la vallée de Longwy à Nancy, des mines se sont ouvertes, des hauts fourneaux ont surgi de terre, et nos vainqueurs étonnés ont pu voir une nouvelle province métallurgique, créée de toutes pièces, grandir et prospérer en face de celle qu'ils nous avaient prise.

Dans les Ardennes et la Haute-Marne, on exploite aussi d'autres couches, moins riches, mais donnant des fontes de meilleure qualité.

Les minerais en grains du Berry forment des couches

très étendues vers la base des terrains tertiaires. Ils sont pauvres, exigent un lavage coûteux pour les enrichir, et leur traitement est assez difficile. Ils alimentent les usines de Montluçon et de Commentry ; mais ces établissements utilisent aussi beaucoup de minerais étrangers, et ne peuvent marcher que grâce au voisinage de bassins houillers.

La vallée du Rhône, le Gard, nous offrent plusieurs amas exploités dans les terrains secondaires (la Voulte, Privas), mais leur extension est limitée ; la métallurgie a eu son moment de prospérité par la fabrication de l'acier avec le concours des minerais de la Méditerranée, il est douteux qu'elle le retrouve.

Dans tous ces districts, on ne trouve pas, comme en Angleterre, le minerai et le charbon réunis. Le bassin de Decazeville est le seul en France où l'on ait pu exploiter le fer carbonaté du terrain houiller. Ce carbonate (tout différent du fer spathique cristallin des filons) est très impur. Il a un aspect lithoïde et se rencontre en couches au toit même de la houille. On trouve aussi dans le voisinage de Decazeville des couches de minerai oolithique dans le terrain jurassique (à Mondalazac) et des amas d'hématite rouge (à Lunel).

II. Fabrication de la fonte

La fabrication de la fonte se fait dans un appareil nommé *haut fourneau*. C'est une sorte de grande cuve verticale, rétrécie au sommet et à la base. Elle est remplie de minerai et de charbon qu'on y verse régulièrement par l'orifice supérieur nommé *gueulard*. Ces charges descendent lentement et s'échauffent à mesure au contact des gaz produits par combustion dans la région inférieure ; le minerai se réduit peu à peu. Arrivé en bas, dans l'ouvrage, le charbon brûle au contact de l'air que des machines soufflantes injectent par les *tuyères* ; le fer se combine au carbone en donnant de la fonte liquide ; les matières étrangères (silice, argile, calcaire, etc.) fondent aussi en formant ce qu'on appelle le laitier. Ces deux liquides, de densité inégale, se séparent et on les fait écouler chacun de leur côté.

Cette industrie n'a donné lieu depuis longtemps à aucune découverte saillante. Les procédés n'ont pas changé dans leur principe. Cependant les moyens se sont tellement développés, qu'une usine d'aujourd'hui ressemble à une usine d'il y a soixante ans à peu près comme nos vaisseaux cuirassés ressemblent aux galères romaines.

Ces progrès peuvent s'envisager sous deux faces : le côté matériel et le côté scientifique.

Au point de vue matériel, les appareils sont devenus beaucoup plus grands et plus puissants. Les hauts fourneaux anciens avaient des hauteurs de 8 à 10 mètres, des volumes de 20 à 30 mètres cubes ; ils produisaient quelques tonnes par jour. Ceux de maintenant ont des hauteurs de 20 à 25 mètres, des volumes de 200 à 300 mètres cubes, ils produisent parfois plus de 100 tonnes par jour.

Au point de vue scientifique, la transformation n'a pas été moins radicale. Autrefois on fabriquait dans chaque usine, avec les minerais qu'on avait sous la main, une qualité de fonte toujours à peu près la même, celle que ces minerais donnaient le plus facilement; aujourd'hui, avec n'importe quel minerai, on fait à peu près toutes les qualités qu'on veut. On a même appris à faire des fontes nouvelles contenant en grande quantité des métaux rares ou presqu'inconnus jadis, comme le manganèse et le chrome.

Progrès effectués dans la conduite des hauts fourneaux. — Le haut fourneau est peut-être l'appareil industriel qui par sa nature reste le moins accessible à la main de l'ouvrier et à l'œil du savant.

On lui confie en haut du charbon, du minerai, du calcaire, il rend par le bas de la fonte et des laitiers fondus. Mais que se passe-t-il entre deux ? On ne peut y regarder ni y intervenir. Quand son fourneau se dérangeait et ne donnait plus rien de bon, le fondeur d'autrefois restait abattu comme devant un fléau naturel.

Aussi peu s'en fallait qu'on n'attribuât à cet appareil une puissance mystérieuse, et qu'on ne lui rendît une espèce de culte. Pour en tracer les dimensions, comme pour le diriger, on observait dans chaque pays des règles traditionnelles, sans oser s'en écarter d'un centimètre. Le fondeur, le constructeur procédaient à leurs opérations avec la régularité respectueuse d'un prêtre qui accomplit un rite. On croyait aussi que certains minerais avaient des vertus spéciales, inexpliquées, capables de survivre à la fusion et de se retrouver dans la fonte obtenue. Il n'y a pas longtemps qu'on parlait encore de propension aciéreuse; le bon acier ne pouvait se faire qu'en partant de quelques minerais privilégiés.

Aujourd'hui, ces superstitions disparaissent, et si le haut fourneau a vu décupler sa puissance, le prestige mystérieux qui l'entourait a diminué. On ne redoute plus tant ses caprices, qu'on a appris à dompter.

Le travail du fourneau se borne, en somme, à faire réagir les unes sur les autres les matières chargées au gueulard et à les exposer à l'action des gaz produits dans l'ouvrage. Pour qu'il s'accomplisse bien, que faut-il? Que le fourneau reçoive un mélange bien dosé où les divers éléments soient en proportions convenables, et que les charges y descendent régulièrement sans se tasser, sans former des engorgements à travers lesquels le gaz ne passerait pas. En deux mots, il faut que le fourneau soit bien nourri et qu'il digère bien.

Les petits hauts fourneaux d'autrefois avaient mauvais estomac. Au moindre écart de régime, ils se dérangeaient. Les laitiers fondaient mal, la fonte n'avait plus la qualité voulue, l'ouvrage se refroidissait, on faisait des loups, etc.

LE VERRIER, Métallurgie. 3

Faute de savoir parer à ces difficultés, on était embarrassé dès qu'il fallait traiter de nouveaux minerais, ou modifier en quoi que ce soit les conditions de la fabrication.

Quelquefois, ceux qui possédaient les meilleurs minerais se trouvaient embarrassés par l'excès même de leurs richesses. Ainsi, on a admis longtemps qu'il était difficile de faire certaines qualités de fonte (fonte grise) avec des minerais riches. Pourquoi? Parce que, ces minerais se réduisent et fondent plus vite, les irrégularités d'allure se produisent aussi plus vite, et on n'a pas le temps d'y remédier, il n'y a plus, dans l'ouvrage, une masse de laitier suffisante pour former régulateur de chaleur.

Aujourd'hui, ces difficultés sont négligeables ; avec n'importe quel minerai, on produit toutes les qualités de fonte. On fait digérer aux fourneaux ce que l'on veut.

Ce progrès tient à plusieurs causes.

En devenant plus grand, le fourneau est devenu plus robuste. Par sa masse, il résiste aux influences perturbatrices ; il ne se refroidit plus aussi facilement ; les dérangements ne sont plus si brusques, et on a le temps d'y remédier en rectifiant le régime.

Dans les fourneaux actuels, la grande masse de matières chaudes qu'ils contiennent, fait une sorte de volant de chaleur, leurs dérangements ne se produisent plus d'une manière si brusque, et on a le temps d'y parer en modifiant la composition des charges.

D'autre part, on a perfectionné la construction des hauts fourneaux, et aussi l'art de les conduire.

En analysant chaque jour ce que le fourneau reçoit et ce qu'il rend, on a appris à bien doser sa nourriture, à corriger les défauts de chaque minerai par des mélanges convenables.

Il ne suffit pas que le fourneau soit bien alimenté, il faut que la descente des charges s'y fasse bien régulièrement.

Forme des hauts fourneaux. — La façon dont les charges descendent dépend de la forme de la cuve. En étudiant d'une manière rationnelle l'influence de cette forme, au lieu de calquer aveuglément des modèles empiriques, en assurant par des appareils spéciaux la répartition méthodique des charges sur la surface du gueulard, au lieu de les jeter au hasard comme autrefois, on a facilité la digestion du fourneau.

Gruner a rendu à ce point de vue de grands services à la science. Ses études raisonnées sur la marche des fourneaux, sur les appareils de chargement, ont permis de dégager du chaos des observations des principes nets et simples. Les formes élancées qu'il a préconisées sont celles qu'on adopte aujourd'hui dans les fourneaux américains où l'on a réalisé un plus grand volume, une marche plus rapide et plus économique que partout ailleurs.

Caractères de la construction moderne. — Certains progrès de détail dans la construction permettent de combattre une des causes d'arrèts qui étaient autrefois redoutables, à savoir la destruction des parois qui se rongeaient et se fondaient au contact du laitier.

Fig. 12. — Ensemble de 2 hauts fourneaux.

Les hauts fourneaux anciens étaient creusés dans de véritables pyramides de maçonnerie : d'énormes piliers soutenaient le revêtement de la cuve qui était très épais ; ils entouraient le creuset de tous côtés, et on ne pouvait en approcher pour le réparer. Aujourd'hui, la cuve est une tour ronde ou conique, cerclée de fer ; parfois revêtue de tôle, mais d'épaisseur modérée (fig. 12). Elle

est soutenue par des colonnes en fonte, ou des cadres
isolés. L'accès du creuset est libre sur tout le pourtour.

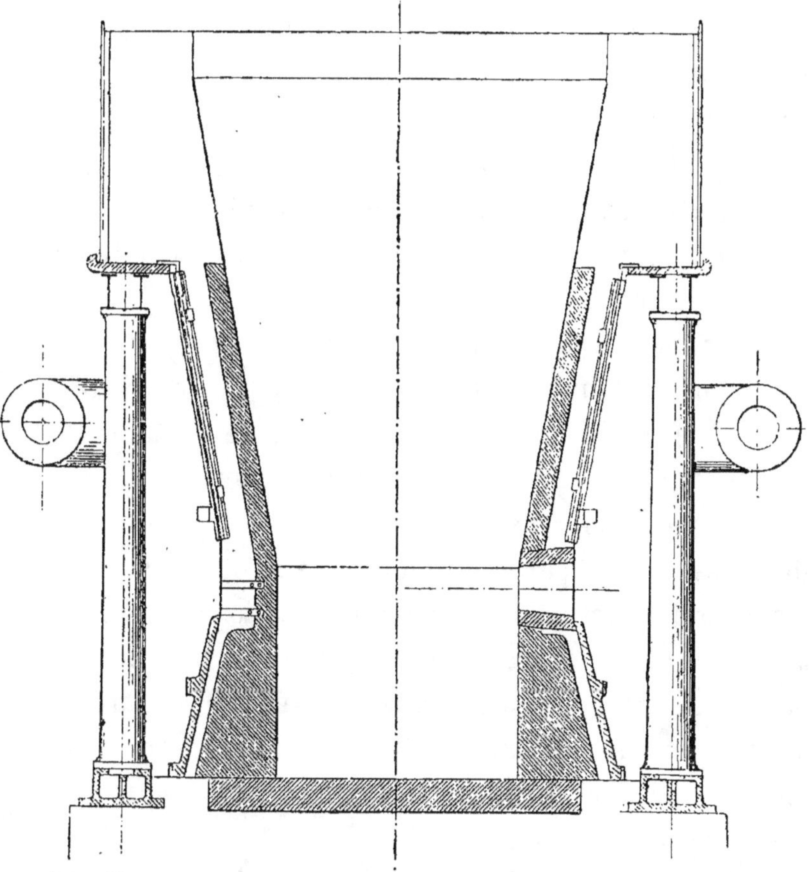

Fig. 13. — Creuset de fourneau avec plaques de refroidissement.

L'ouvrage, parfois les étalages sont revêtus de
plaques de fonte incessamment arrosées à l'extérieur
(fig. 13). Grâce à cet artifice, les laitiers qui les touchent
à l'intérieur se figent contre les parois au lieu de les
corroder.

J'insisterai sur ce détail, car il y a là un principe fécond, dont les métallurgistes modernes ont tiré grand parti dans la construction de tous les appareils exposés à de hautes températures. Autrefois, on les renforçait par d'énormes massifs de maçonnerie; c'était enfermer le loup dans la bergerie. Ces murs épais concentraient la chaleur davantage et se rongeaient plus vite. Leur grande épaisseur en retardait la chute, mais n'empêchait pas la corrosion.

Pour qu'une paroi chauffée d'un côté se maintienne, il faut qu'elle soit en équilibre calorifique, c'est-à-dire que le refroidissement extérieur lui enlève autant de chaleur qu'elle en reçoit. Pour cela, il faut qu'elle soit assez mince pour laisser passer la chaleur. Le moyen de conserver les parois des fours, ce n'est donc pas de les épaissir, c'est de les refroidir à l'extérieur par l'arrosage ou par des courants d'air. Aussi, on ne voit plus dans nos forges ces fourneaux massifs, ces montagnes de maçonnerie dont la solidité n'était qu'apparente : les appareils modernes, quelque grands qu'ils soient, sont légers de construction.

Appareils à air chaud. — Enfin, le fourneau a été muni d'un auxiliaire puissant, qui double pour ainsi dire son énergie : ce sont les appareils à air chaud ; l'emploi de l'air chauffé assure le développement d'une température plus élevée : c'est comme un tonique qui vient fouetter le tempérament du fourneau.

Au lieu de souffler de l'air froid par les tuyères, on

souffle de l'air à 600 ou 800 degrés : la combustion du charbon par cet air chaud développe une température plus élevée. Ce perfectionnement n'exige pas une dépense nouvelle de combustible; au contraire, il a permis de réduire la consommation de coke. On se sert, pour chauffer l'air, des gaz du gueulard qui contiennent assez d'oxyde de carbone pour pouvoir se brûler. On utilise ainsi un élément combustible qui était perdu autrefois.

Cette innovation a pris naissance en Angleterre, et a mis longtemps à se faire accepter sur le continent où on lui reprochait de nuire à la qualité des fontes. C'est aussi en Angleterre qu'ont été inventés les appareils de chauffage en briques, aujourd'hui adoptés dans toutes les grandes usines.

On a commencé par chauffer l'air dans des tuyaux en fonte. On ne pouvait alors dépasser 400 degrés, les tuyaux seraient détériorés : avec les appareils en briques qui se sont propagés depuis une vingtaine d'années, on atteint 800 à 900 degrés. Cette augmentation de température a permis, non seulement d'économiser plus de 10 pour 100 sur le combustible, tout en augmentant la production, mais d'aborder certaines fabrications très difficiles autrefois. C'est la nouveauté la plus importante à signaler dans l'outillage du haut fourneau.

Ces appareils sont des espèces de grandes ruches, pleines de cellules en briques réfractaires, où l'air se chauffe par contact direct avec les parois incandescentes (fig. 14). On y fait passer d'abord les gaz du

gueulard qu'on mélange d'un peu d'air pour les brûler :
puis quand toute la masse est chauffée à blanc, on renverse le sens de la circulation : c'est l'air de la machine
soufflante qui traverse cet amas de briques ardentes
avant de se rendre aux tuyères. Quand il leur a pris

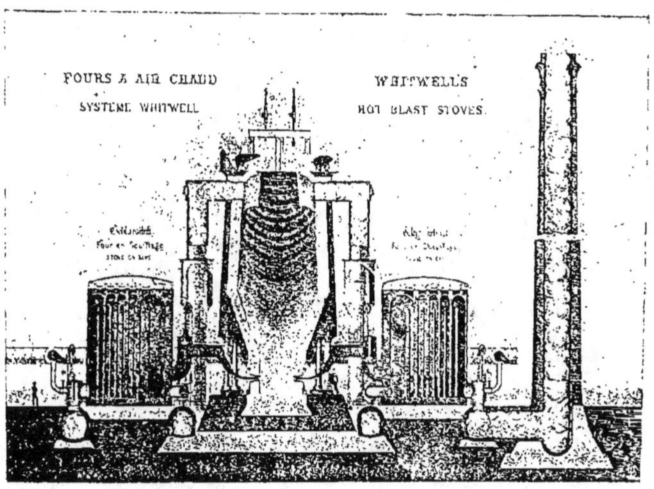

Fig. 14. — Coupe d'un haut fourneau avec appareil à air chaud.

une partie de leur chaleur, on y fait de nouveau brûler
du gaz. Il faut donc avoir au moins deux appareils,
dont chacun est alternativement en chauffage au gaz,
puis en refroidissement à l'air. En général il y en a
trois, à cause des réparations, souvent quatre ou cinq.
Le haut fourneau se dresse au milieu de cette escorte de
fours, presque aussi grands que lui.

On a, en effet, accru progressivement leur volume
pour rendre le chauffage plus énergique. On leur donne

aujourd'hui des hauteurs de 18 à 20 mètres, avec des diamètres de 6 ou 8. Il vaut mieux, pour assurer une circulation régulière des gaz, développer les dimensions en hauteur qu'en largeur.

Le grand ennemi de ces appareils, ce sont les poussières qu'entraînent les gaz du gueulard. Elles obstruent les ruches qui sont difficiles à nettoyer, souvent elles provoquent la fusion des briques par les oxydes métalliques qu'elles contiennent (fer, zinc, manganèse) et qui se combinent à la silice : en tout cas, un appareil encrassé chauffe l'air beaucoup moins bien. Aussi, dans les installations récentes, on place sur les conduites qui amènent les gaz du gueulard de grands tambours en tôle pour favoriser le dépôt préalable des poussières.

Accessoires du haut fourneau. — Soufflerie. — Outre ces satellites, le haut fourneau s'est entouré de toute une machinerie puissante pour le transport des matières, la soufflerie, etc. De l'organisation de ces services accessoires dépend en grande partie l'économie de la marche.

Au point de vue du développement matériel et de la puissance de production, les Américains ont dépassé de beaucoup tout ce qui se fait en Europe; les hauts fourneaux de Pensylvanie atteignent des productions de 200 à 300 tonnes par vingt-quatre heures, en brûlant 850 à 900 kilogrammes de coke par tonne de fonte Bessemer, alors qu'en Europe un haut fourneau donne rarement plus de 100 tonnes par vingt-quatre heures et brûle 1000 à 1100 kilogrammes de coke.

Ce succès est dû à la forme bien comprise de ces appareils, et aussi à la puissance des machines soufflantes, quatre ou cinq fois plus fortes que celles que nous employons d'ordinaire. La soufflerie, c'est le poumon du haut fourneau : nous avons en Europe bien des fourneaux presque aussi grands que ceux d'Amérique, mais ils sont poussifs, et ne font pas moitié autant de travail, parce qu'on leur a donné des souffleries trop faibles.

En Europe, une machine soufflante dessert en général plusieurs fourneaux, et elle est réglée de manière à donner toujours la même pression. Si le fourneau s'engorge, l'air y passe moins facilement et la marche se ralentit. En Amérique, une machine ne dessert qu'un fourneau et peut augmenter sa pression de manière à fournir toujours le même volume d'air, quelle que soit la résistance qu'il rencontre. On peut ainsi maintenir la production constante et marcher à une allure plus rapide.

Il y a assurément là un bon exemple à imiter. Toutefois, il n'est pas certain que la marche à outrance adoptée en Pensylvanie puisse réussir avec tous les minerais, ni même qu'elle soit avantageuse dans les conditions industrielles où se trouvent nos usines.

Fabrication des fontes spéciales. — En fait de progrès scientifique, nous trouverons en France les plus beaux exemples; on peut citer comme le dernier mot de l'industrie, à ce point de vue, la fabrication des fonte spéciales, pour lesquelles nos usines ont toujours tenu la tête du mouvement.

On nomme fontes spéciales des alliages complexes où l'on fait entrer des proportions plus ou moins considérables de corps étrangers, comme le manganèse, le silicium, le chrome. Elles servent de réactifs dans diverses opérations métallurgiques, surtout dans la fabrication de l'acier. Ces corps sont tous difficiles à réduire; on ne savait autrefois les préparer qu'en creuset : leur fabrication était plutôt une opération de laboratoire qu'un procédé industriel. C'a été un résultat considérable que d'arriver à les réduire au haut fourneau, il a permis d'abaisser beaucoup leur prix de revient; c'est ce qui a permis à leur emploi de se propager ; si on n'avait pas réussi à les produire en grandes quantités et à bas prix, la fabrication de l'acier n'aurait pu réaliser les progrès remarquables qu'elle doit à l'usage journalier de ces réactifs.

La fabrication des fontes spéciales exige toujours de très hautes températures et de fortes consommations de coke : presque insurmontable dans les anciens fourneaux, cette difficulté est devenue moins grave, grâce à l'emploi de l'air surchauffé. La principale question, c'est de composer le lit de fusion de manière que le laitier ne retienne pas, par une affinité trop énergique, l'oxyde que l'on veut réduire. S'il s'agit d'un oxyde jouant le rôle de base forte, comme celui du manganèse, il faut que le laitier soit riche en bases capables de le remplacer et de combattre son affinité pour la silice; c'est surtout la chaux qui remplit cette fonction. Si, au contraire, le corps qu'on veut réduire forme des oxydes acides comme le chrome ou le silicium, pour ne pas le retenir il faut des laitiers moins basiques, et plutôt riches en alumine qui est une base faible. Dans tous les cas, ces laitiers doivent être réfractaires pour ne pas fondre trop vite dans la cuve du fourneau. L'action réductrice du carbone, dans le fourneau, ne peut s'exercer que sur les corps solides : dès que le laitier fond, il filtre à travers les charges, tombe dans le creuset, sans achever de se réduire : les allures *chaudes* ne sont donc possibles qu'avec des laitiers *réfractaires*, qu'on peut surchauffer sans les fondre ; aussi sont-ils toujours peu siliceux : il faut cependant, malgré cette composition anormale, qu'ils aient une fluidité suffisante pour pouvoir être coulés. On y arrive par l'adjonction de petites quantités de bases supplémentaires, comme la magnésie et la baryte, car les silicates sont toujours d'autant plus fluides qu'ils contiennent plus de bases diverses.

Mais ce n'est pas tout de composer un laitier convenable, il faut encore qu'il conserve ses propriétés et sa nature. Or, avec ces allures extra chaudes, les laitiers réagissent énergiquement sur les parois du fourneau; ils rongent les briques et dissolvent de la silice. Ce phénomène n'a pas seulement l'inconvénient de dégrader l'appareil, il trouble l'opération en modifiant la composition du laitier. On est arrivé à combattre ces corrosions en refroidissant énergiquement l'ouvrage à l'extérieur et en garnissant le creuset avec des briques de graphite, au lieu des briques d'argile ordinaires.

On voit que ces fabrications sont de véritables opérations scientifiques; il faut des études chimiques approfondies pour établir et conserver une allure anormale que mille circonstances peuvent déranger. Dans cette branche de la métallurgie, les usines françaises ont été presque toujours à la tête du progrès. Les travaux faits à l'usine de Terrenoire sur l'emploi du ferro-manganèse, du silico-spiegel, sont pour ainsi dire classiques; ce sont eux qui ont donné l'impulsion et montré tout le parti qu'on pouvait tirer de ces nouveaux produits. L'usine de Saint-Louis, près de Marseille, s'est fait une spécialité des tours de force en fait de fabrications de fontes; c'est elle qui est toujours arrivée la première, à faire les fontes spéciales avec des teneurs invraisemblables, comme les ferro-manganèses à plus de 80 pour 100, les ferro-chromes à plus de 60 pour 100.

Fontes manganésées. — On désigne sous le nom de *Spiegeleisen* les fontes manganésées à moins de 20 pour 100; on réserve le nom de *Ferro-Manganèse* aux alliages plus riches. La teneur maxima qu'on ait atteinte est d'environ 83 pour 100. On a d'abord fabriqué ces alliages riches au creuset, puis au four Siemens, aujourd'hui ils se font couramment au haut fourneau. On a éprouvé beaucoup de difficultés pour y parvenir, et, aujourd'hui encore, les usines tiennent soigneusement leurs conditions de marche secrètes. Cependant les principes généraux sont assez bien connus.

Il faut, pour réduire l'oxyde manganèse, un laitier riche en chaux; la difficulté principale est de donner à ces laitiers basiques une fusibilité suffisante. On a essayé d'y ajouter du spath fluor. On a renoncé aux additions de spath fluor, parce que les gaz du gueulard devien-- nent incombustibles et corrosifs. On cherche à former un laitier à bases multiples. On réussit très bien en ajoutant du sulfate de baryte, la baryte est à la fois une base forte et un fondant. A son défaut, on réussit très bien en introduisant un peu de magnésie, en sub- stituant la dolomie à la castine ordinaire. Le laitier ne doit guère contenir plus de 30 pour 100 de silice, sa teneur en chaux doit dépasser 40 pour 100; la propor- tion d'alumine doit rester au-dessous de 10, on intro- duira environ 10 pour 100 d'autres bases terreuses; l'oxyde de manganèse y passe toujours en quantités considérables. Il est difficile en pratique de laisser dans le laitier moins de 1 de manganèse pour 3 de silice.

Une autre partie du manganèse (10 pour 100 environ de la teneur du lit de fusion) se perd, sous forme de fumées rousses qui s'échappent avec les gaz du gueulard. Il est probable qu'il se volatilise à l'état métallique et se réoxyde au gueulard. Ces oxydes se déposant dans les appareils sont une cause de gêne sérieuse.

Une température très élevée est nécessaire, la consommation de coke va à 2 tonnes, 2 tonnes 1/2 par tonne de fonte en marche riche. L'emploi d'air très chaud est à peu près indispensable, et les appareils de chauffage en brique ont été un auxiliaire précieux pour la réussite de cette fabrication.

Les minerais riches de manganèse viennent surtout du Caucase, du Chili et d'Espagne. Ce sont des oxydes, plus ou moins associés à des oxydes de fer. On déterminera la quantité des différents minerais à employer d'après la teneur qu'on veut obtenir, en tenant compte des causes de déchet indiquées plus haut.

Le spiegel a une structure lamelleuse caractéristique, le ferro-manganèse à plus de 50 pour 100 prend une structure bacillaire. Les alliages à plus de 25 pour 100 ne sont pas attirables à l'aimant. A plus de 80 pour 100 ils deviennent très oxydables, et ne peuvent se conserver qu'à l'abri du contact de l'air, par exemple en les enduisant de pétrole. Ces alliages contiennent presque toujours 5 à 6 pour 100 de carbone, et souvent quelques millièmes de phosphore. On s'en sert comme réactifs dans la fabrication de l'acier, nous étudierons leur rôle plus tard.

Ferro-silicium. — Le ferro-silicium est une fonte riche en silicium dont la teneur peut varier de 5 à 10 ou 12 pour 100.

On le prépare au haut fourneau, en fondant des minerais de fer siliceux, parfois des silicates de fer acides comme les scories du Bessemer ou du Martin ordinaires, à très haute température ; la consommation de coke peut monter à 3 tonnes ; le laitier doit être très réfractaire, mais pas trop basique, de manière que la silice n'y soit pas trop énergiquement retenue. On ne peut marcher avec des laitiers riches en silice, comme cela semblerait naturel, car ils seraient trop fusibles. On lève la difficulté en chargeant le laitier d'alumine qui le rend réfractaire, tout en agissant comme une base faible : ainsi la teneur en alumine pourra être 20 à 25 pour 100 ; la teneur en silice de 30 à 35 ; pour obtenir une fluidité suffisante, on pourra encore ajouter avec la chaux de petites quantités d'autres bases, baryte ou magnésie. Si le laitier était moins alumineux et plus calcaire, on ne pourrait réduire le silicium qu'en forçant encore plus la température. Dans de bonnes conditions, on arrive à réduire environ le tiers de la silice du lit de fusion.

On emploie cet alliage dans les fonderies pour aider au moulage des fontes ordinaires. La fonte de moulage, pour avoir une fluidité suffisante, doit être grise, c'est-à-dire contenir une partie au moins du carbone à l'état de graphite, non à l'état de carbure. Elle perd rapidement cette propriété par la refonte. Elle la doit à la présence du silicium, qui précipite en quelque sorte le carbone et l'empêche de rester combiné au fer. Le silicium disparaît facilement par l'oxydation, mais si on en restitue par des additions convenables, on peut transformer la fonte blanche en fonte grise.

Autrefois, pour utiliser au moulage les bocages de fonte, on les passait au cubilot avec des fontes d'Ecosse, qui peuvent contenir 2 pour 100 de silicium. Aujourd'hui on lui substitue l'emploi du ferro-silicium, qui est beaucoup plus riche; on a donc besoin d'en ajouter beaucoup moins, ce qui, outre l'avantage économique, permet de ne pas introduire en aussi grande quantité les impuretés qui se trouvent toujours dans les fontes préparées à allure chaude. On peut aussi obtenir des fontes très résistantes et très tenaces en fondant au cubilot des riblons de fer ou d'acier avec 20 pour 100 de ferro- silicium.

Silico-spiegel. — On se sert aussi du silicium comme addition à l'acier fondu pour éviter les soufflures[1]. Mais dans ce cas on l'emploie plutôt concurremment avec le manganèse, sous la forme de silico-spiegel.

Le silico-spiegel contient 8 à 10 pour 100 de silicium, et 15 à 20 pour 100 de manganèse.

La fabrication du silico-spiegel est la plus délicate de toutes, car la réduction du manganèse et celle du silicium exigent des conditions contraires; la première veut des laitiers très basiques, la seconde des laitiers

---

[1] Voir au chapitre suivant les détails sur cet usage.

pauvres en bases fortes ; on est donc forcé d'employer des laitiers qui ne conviennent parfaitement à aucun des deux éléments. On réalise néanmoins leur réduction en forçant la température, mais avec un déchet plus fort. On se rapprochera des laitiers de spiegel, car il faut ménager surtout le manganèse dont les minerais ont une grande valeur ; cependant ils seront plus siliceux : on pourra aller à 35 pour 100 de silice, et même un peu plus, avec 10 pour 100 d'alumine : le laitier se chargera de manganèse, on utilisera seulement la moitié de ce métal.

Ces fontes riches en silicium ne sont pas très carburées, elles ne tiennent pas plus de 2 à 3 pour 100 de carbone. Elles ont souvent quelques millièmes de phosphore. Lorsqu'il s'agit de ferro-silicium pour ajouter à la fonte de moulage, ce dernier corps a peu d'inconvénients ; il a même parfois des avantages, et on fabrique des ferro-silicium contenant jusqu'à 1 pour 100 de phosphore.

Fontes au chrome et au tungstène. — Le ferro-chrome et le ferro-tungstène servent à fabriquer des aciers spéciaux où l'on ajoute de petites quantités de ces corps.

Le chrome a peu d'affinité pour la silice et ne tend pas à rester dans le laitier. Il suffit, pour les bien réduire, d'avoir une allure très chaude et, par suite, des laitiers réfractaires. La principale difficulté, c'est la peine qu'on éprouve à couler le métal qui est très peu fusible. Tant que la teneur en chrome n'est pas trop forte, on arrive encore à force de coke et d'air chaud à rendre le métal à peu près liquide, mais pour les ferro-chromes au dessus de 30 à 35 pour 100 on n'obtient plus la fluidité nécessaire pour que la fonte puisse sortir par un trou de coulée. On remplace alors le haut fourneau par une sorte de cubilot dont le creuset est mobile sur un chariot : une fois ce creuset plein de métal pâteux, on l'enlève de côté, on le remplace par un autre, on peut alors retirer à loisir le bloc de ferro-chrome qui ressemble plus à une éponge qu'à un lingot. On a pu ainsi fabriquer des ferro-chromes jusqu'à 65 pour 100.

Je crois que le ferro-tungstène se fait aujourd'hui de la même manière.

III. Centres de production de la fonte en France.

Les grandes usines à fonte de France peuvent se diviser en deux catégories : celles qui traitent des minerais indigènes et celles qui importent des minerais étrangers. Les premières sont les mieux placées pour la fabrication économique des fontes communes, tandis que les autres produisent plutôt des fontes d'affinage supérieures.

District de l'Est. — Le plus grand centre de production est de beaucoup le département de Meurthe-et-

Moselle. Ce district a le minerai à un bon marché exceptionnel, et quoique l'on soit obligé de faire venir le combustible de Belgique ou du Nord, on arrive encore à faire la fonte à des prix presque aussi bas que dans les pays les plus favorisés.

Longtemps la production y a été limitée, les fontes phosphoreuses ne pouvaient servir qu'à faire des fers puddlés. Depuis qu'on sait fabriquer l'acier basique, les fontes de l'Est sont devenues propres à toutes les fabrications. Les usines ont surgi les unes à côté des autres, sur tout le territoire de Nancy et de Longwy. Elles sont installées avec tous les perfectionnements modernes. L'accès des matières premières est assuré par des voies spéciales, etc., les hauts fourneaux sont de grandes dimensions et parfaitement outillés.

Dans les autres districts moins favorisés, la fabrication de la fonte avec les minerais indigènes a fait moins de progrès. Les anciennes usines n'ont pas agrandi autant leur outillage ni développé leur production. Les hauts fourneaux des Ardennes, de la Champagne, de la Franche-Comté, ne sont plus que les restes d'une industrie qui décline devant la concurrence d'un voisinage trop puissant. Ils s'alimentent du reste en grande partie avec les minerais de Meurthe-et-Moselle.

Usines du Centre et du Midi. — Ces districts ne possèdent que le minerai. Quelques-uns de nos bassins du Centre ont à la fois le minerai et la houille. Cette coïncidence heureuse, qui a fait la fortune de la métal-

lurgie anglaise, semblait être pour eux un gage de prospérité assurée. Mais, charbons et minerais y sont bien
plus coûteux qu'en Angleterre : les minerais ne sont
pas, en général, de très bonne qualité, ni très abondants, et la plupart des usines qui s'y sont établies
s'alimentent en partie avec les gisements lointains de
l'Algérie, de l'Espagne ou des Pyrénées. Elles ne peuvent marcher que parce qu'elles sont doublées de
grandes forges auxquelles les houilles grasses de ces
bassins fournissent un combustible précieux.

Tel est le cas des usines du Gard, qui exploitent,
près du bassin houiller, des amas d'hématites dans les
terrains jurassiques. Ces minerais ont besoin d'un triage
assez coûteux et sont peut-être menacés d'un épuisement prochain, ils n'entrent que comme appoint à côté
des minerais étrangers : les forges qui les utilisent se
sont développées surtout dans la période où la fabrication de l'acier ne pouvait se faire qu'avec les minerais
purs de l'Algérie.

Le groupe métallurgique de Montluçon, Commentry-
Fourchambault, est situé près des houillères de Commentry, de Saint-Éloi, et à proximité des minières du
Berry. Mais ces minerais, après criblage et lavage, y
reviennent encore cher et sont difficiles à traiter.

Ces usines sont restées plutôt spécialisées pour la
forge que la production de la fonte.

Bassin de l'Aveyron. — Le district de Decazeville
était mieux traité par la nature. A côté d'amas de houille

très puissants, il possède ces minerais carbonatés du terrain houiller, faciles à extraire et à traiter, dont on tire si bon parti en Écosse et qu'on ne trouve qu'à l'état de rognons assez rares dans les autres bassins français.

Ces minerais sont un peu sulfureux, mais on trouve dans la région des filons de minerais manganésifères dont l'addition peut améliorer beaucoup la quantité de la fonte. Cependant la métallurgie n'a pas prospéré dans ce centre comme on pouvait le croire : l'exploitation de la houille même y a été entravée par des difficultés techniques ; l'amas n'était que trop puissant et sujet aux incendies spontanés, dont témoigne une montagne toujours en feu à quelques pas de la ville : les installations des hauts fourneaux n'ont pas suivi les progrès modernes, et le matériel démodé ne permettait pas une fabrication économique. Aujourd'hui on est en train de les renouveler, et ce district va sans doute prendre un développement rapide entre les mains de la Société de Fourchambault, qui a acquis les forges et les mines de Decazeville.

Forges situées sur les bassins houillers. — Groupe du Nord. — D'autres groupes d'usines se trouvent sur des bassins houillers où il n'y a pas de gîtes de fer et ne peuvent traiter que des minerais importés. Celles-là n'ont d'autre raison d'être que d'alimenter des forges ; en effet la transformation de la fonte en fer et l'élaboration de ce métal, consommant beaucoup de charbon, doivent s'installer sur des houillères, et si la situation permet, en outre, de faire venir des minerais à bon compte, il peut être avantageux de doubler la forge d'un haut fourneau. Les usines de ce genre sont des producteurs de fer et d'acier, plutôt que de fonte.

Le type de cette catégorie est le district du Nord ; des usines très nombreuses y sont établies sur le bassin d'Anzin ou dans son voisinage. Le développement des canaux, la proximité de la mer rendent les communications faciles et mettent à leur portée d'une part les minerais de Belgique, de Lorraine, du Luxembourg, de l'autre ceux de Bilbao.

Les bassins houillers de la Loire et du Creusot ne peuvent au contraire se procurer du minerai qu'à des prix élevés : les grandes forges qui s'y sont établies éteignent peu à peu leurs hauts fourneaux, et aiment mieux aller chercher au loin de la fonte que du minerai, car les frais de transport s'appliquent alors à un poids de matières moins considérable.

Usines établies au voisinage de la mer. — Enfin il y a des usines qui ne possèdent dans leur voisinage ni houillères, ni mine de fer, et dont l'emplacement ne présente qu'un avantage, la facilité des transports. Mais cet avantage est considérable. Ainsi les forges du Boucau, près de l'embouchure de l'Adour, de Saint-Nazaire, près de l'embouchure de la Loire, ont à bon compte les charbons anglais et les minerais de Bilbao. La première peut avoir aussi par terre les minerais carbonatés des filons des Basses-Pyrénées, et la seconde les fers oligistes qui se trouvent en couches dans les terrains siluriens de Maine-et-Loire.

L'usine de Saint-Louis, près de Marseille, est aussi située sur le bord de la mer dans de bonnes conditions pour recevoir tous les minerais du bassin de la Méditerranée, les manganèses du Caucase et d'Espagne. Elle s'occupe surtout de la fabrication des fontes spéciales.

L'importance relative des principaux centres de production se classerait comme suit d'après la statistique de 1890.

Statistique :

Meurthe-et-Moselle	1.100.000 tonnes
Nord et Pas-de-Calais.	320.000 —
Groupe de l'Est (Ardennes, Haute-Marne)	80.000 —
Saône-et-Loire (Creusot)	80.000 —
Gard.	60.000 —
Landes (le Boucau)	60.000 —
Allier	40.000 —
Loire et Rhône	30.000 —

La production totale de la France étant |de 2 millions environ.

Le groupe de Meurthe-et-Moselle a une prépondérance encore plus grande si l'on considère le minerai au lieu de la fonte, il en produit près de 3.000.000 de tonnes, quand le reste de la France en donne moins de 600.000. Cependant, il ne se suffit pas à lui-même et importe

1.000.000 de tonnes de minerai du Luxembourg et de Lorraine.

Utilisation des laitiers. — Avant de clore ce chapitre, je signalerai un progrès accessoire qui a son intérêt économique. Ce sont les débouchés qu'on a trouvés pour utiliser les laitiers qui n'étaient autrefois que des déchets encombrants et finissaient par former de véritables montagnes. Certains laitiers se prêtent très bien à la fabrication du ciment ; d'autres sont transformés en briques. On ne peut pas leur attribuer une grande valeur, mais c'est déjà beaucoup de pouvoir s'en débarrasser sans bourse délier, car ils étaient une source d'ennuis et de dépenses sensibles, par la nécessité d'immobiliser de grands espaces pour les accumuler.

CHAPITRE III

FABRICATION DE L'ACIER ET DU FER

I. Procédés d'affinage de la fonte. — II. Fabrication des diverses qualités d'acier. — III. Utilisation des fontes impures. Déphosphoration. — IV. Aciers spéciaux. — V. Fabrication des aciers moulés. — VI. Petits convertisseurs. — VII. Fabrication du fer forgé.

I. Procédés d'affinage de la fonte.

La fonte est un composé de fer avec 4 à 5 pour 100 de carbone ; elle contient en outre presque toujours du silicium, souvent du phosphore et du soufre : ces deux derniers en diminuent beaucoup la valeur parce qu'ils rendent le fer cassant. Cet alliage complexe est loin d'avoir les propriétés du fer doux. Il est fusible ; au point de vue mécanique, il a une résistance beaucoup plus faible que le fer, et il est cassant au lieu d'être malléable. Pour le transformer en fer, il faut en séparer le carbone : c'est ce qu'on appelle l'*affinage de la fonte*.

Procédés anciens. — Pour l'affiner, on l'expose, en la maintenant fondue dans un four, au contact de l'air. L'air brûle peu à peu le carbone, qui disparaît sous forme de gaz (oxyde de carbone). A mesure que le fer prend naissance, comme il est moins fusible que la fonte, il ne peut rester liquide à la température des fours ordinaires. Il s'isole en grumeaux, imprégnés de scories, qu'il faut souder ensuite par martelage. On n'obtient ainsi que des barres de faibles dimensions ; il faut les réunir, les réchauffer et les souder de nouveau pour faire des pièces un peu plus grandes.

Telle est la marche de l'affinage ordinaire qui s'est pratiqué d'abord au bas foyer, puis dans les fours à puddler ; il sert encore aujourd'hui à fabriquer le fer forgé.

Quand on veut obtenir de l'acier par ce procédé, on rencontre de grandes difficultés. L'acier est du fer allié à quelques millièmes de carbone, qui lui donnent plus de rigidité. Il semble que, pour le préparer, il n'y ait qu'à pousser l'affinage un peu moins loin, à l'arrêter avant le départ complet du carbone. Mais on n'est pas maître de l'action oxydante de l'air : elle s'exerce inégalement sur la surface du bain, et si on l'arrête avant qu'elle n'ait produit tout son effet, on trouve sur la sole du four des grumeaux de composition très variable : les uns sont du fer, les autres de l'acier beaucoup trop carburé. Le soudage les superposera sans les mélanger et donnera un métal tout à fait hétérogène.

Pour obtenir de l'acier par l'affinage ordinaire, il faut modérer l'action de l'air et obtenir qu'elle soit régulière dans toutes les parties du bain, afin de laisser dans chaque grumeau la même dose de carbone.

Le puddlage pour acier, qui a été introduit dans les usines de la Loire, vers 1850, était une opération très délicate. L'affinage au bas foyer, donnant ce qu'on appelle l'acier naturel, était la spécialité de quelques pays étrangers comme la Styrie ; en France on ne le pratiquait guère qu'à Allevard.

On pouvait obtenir l'acier plus facilement par voie ndirecte, en recarburant des barres de fer qu'on chauffait en caisse avec du charbon de bois (c'est ce qu'on appelle la cémentation), puis en les fondant au creuset : on ne pouvait faire dans un creuset que 10 à 15 kilogrammes d'acier fondu.

Ce procédé a été d'abord appliqué en Angleterre et c'est à lui que les fondeurs de Sheffield ont dû la supériorité de leurs aciers, restés longtemps sans rivaux. Il a été pratiqué avec succès dans les usines de la Loire, et sert encore à fabriquer les aciers supérieurs. Mais il est trop coûteux pour les produits courants.

Procédé Bessemer. — Ce fut une véritable révolution en métallurgie, que l'invention du procédé Bessemer, faite il y a environ trente-cinq ans : car il permit d'obtenir directement de grandes masses d'acier fondu, par des moyens si simples que son prix est parfois inférieur maintenant à celui du fer forgé ordinaire.

Ce procédé est, par son principe, extrêmement curieux et fécond : c'est ce qu'on pourrait appeler l'affinage spontané. La fonte fondue est versée dans une grande cornue qu'on nomme *convertisseur*, dont le fond percé de petits trous, laisse arriver des jets d'air fortement comprimé. Non seulement le métal ne se fige pas au contact de l'air froid, mais, sans l'intervention d'aucun foyer extérieur, on voit la température s'élever; il se dégage des gerbes d'étincelles, puis une flamme éblouissante quand le carbone brûle, et à la fin de l'affinage l'acier et le fer sont obtenus bien liquides, résultat difficile et même impossible à réaliser autrefois dans les fours les plus puissants.

D'où vient ce dégagement de chaleur presque miraculeux? De l'oxydation rapide des éléments étrangers de la fonte (silicium, carbone, manganèse). Tous ces corps brûlent en produisant de la chaleur. Il en était de même dans les procédés d'affinage anciens, mais leur combustion avait lieu lentement, elle ne se produisait qu'à la surface, et la chaleur dégagée dans un temps donné était bien inférieure à celle qui se perdait par rayonnement dans l'atmosphère. Dans la cornue Bessemer (fig. 15), la fonte liquide occupe une hauteur de 40 à 60 centimètres et l'air est injecté au fond : c'est donc dans toute la masse que se produit la combustion ; elle est du reste bien plus rapide. En vingt minutes on affine 10 tonnes de métal, quand il fallait au four à puddler une à deux heures pour en affiner 200 kilogrammes. On brûle donc, dans le même temps cent fois plus d'éléments étrangers, on dégage cent fois plus de chaleur ; la masse offre du reste beaucoup moins de surface au refroidissement. Il n'est pas étonnant que,

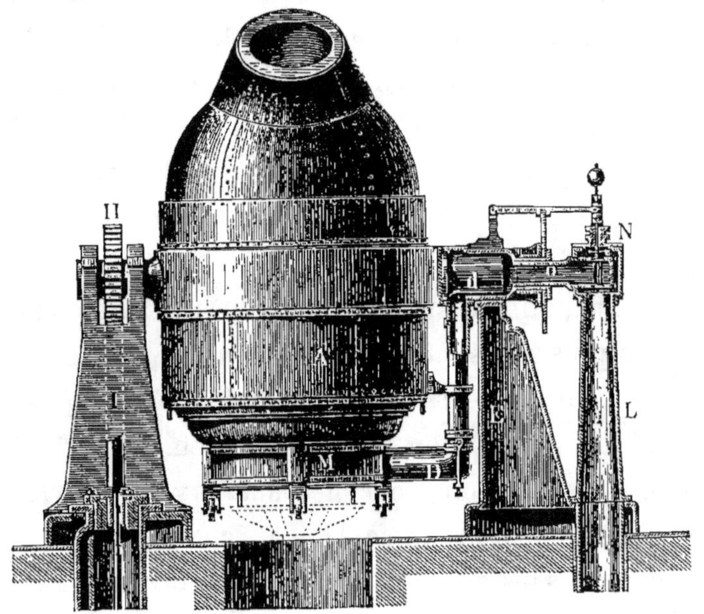

Fig. 15. — Convertisseur Bessemer.

dans ces conditions, cette chaleur, au lieu de se perdre tout entière par rayonnement, suffise à déterminer la fusion de l'acier.

On réalise ainsi ce résultat paradoxal d'obtenir, sans dépense de combustible spéciale, des températures qui étaient difficiles à produire dans les meilleurs fours, et on peut fabriquer en grandes masses l'acier fondu qu'on ne savait préparer jadis qu'en petits lingots, au creuset. Grâce aux perfectionnements successifs apportés à l'outillage, l'acier fondu commun est devenu moins coûteux même que le fer forgé. Il présente sur lui de grands avantages, il a une résistance supérieure (pouvant aller à 60 kilogrammes par millimètre carré au lieu de 30 à 35) ; on l'obtient en blocs aussi considérables que l'on veut, et on peut faire d'un jet, en métal homogène, des pièces énormes pour lesquelles il fallait autrefois réunir et souder péniblement de nombreuses barres de fer forgé. Aussi, il s'est substitué à ce métal pour la plupart des usages importants, sauf pour ceux où la douceur est une condition nécessaire. Par la facilité d'obtenir de gros lingots, le procédé Bessemer a agrandi dans des proportions merveilleuses les ressources de l'industrie, en rendant courante la fabrication de grosses pièces qui étaient autrefois des tours de force.

Procédé Martin. — A côté de ce procédé et presqu'en même temps que lui s'en est développé un autre moins original, mais non moins utile, qui lui sert en quelque sorte de complément, c'est le procédé Martin-Siemens.

On savait depuis longtemps que, en fondant un mélange en proportions convenables de fonte de fer, on pouvait obtenir de l'acier. Mais, par suite de la haute température nécessaire, cette opération ne réussissait qu'en creusets et sur de petites quantités : on ne savait pas chauffer assez énergiquement de grands fours. Le premier, Siemens arriva à réaliser industriellement, dans de grands fours à réverbère, des températures extrêmes, en y brûlant des gaz et de l'air préalablement surchauffés par leur circulation à travers des empilages de briques que les flammes perdues du four lui-même ont portées au rouge.

Grâce à cet outillage nouveau, M. Martin, à Sireuil, put réaliser la fusion de l'acier sur sole qui était depuis quelque temps l'objet d'essais nombreux en France. La fonte est fondue sur la sole d'un four Siemens, puis on y incorpore peu à peu du fer, des riblons, parfois du minerai de fer pur, de manière à diminuer peu à peu la teneur du bain en carbone. Ce corps s'élimine du reste en partie par oxydation lente. La fabrication de l'acier, par ce moyen, est plus coûteuse et beaucoup moins rapide qu'au Bessemer : le traitement d'une charge dure huit à douze heures, au lieu de se faire en vingt ou trente minutes. Toutefois, la différence de prix n'est pas très grande ; c'est un moyen d'utiliser les riblons, les déchets ; l'opération est plus facile à régler, et convient mieux pour préparer des aciers de qualité supérieure. Aussi, le procédé Martin a pris une place importante dans l'industrie à côté du Bessemer.

Progrès de ces deux procédés. — Depuis leur origine, ces deux procédés ont reçu des modifications importantes. L'outillage s'est développé et a atteint une puissance remarquable. Les premières cornues Bessemer ne contenaient que 4 à 6 tonnes de fonte : aujourd'hui, on emploie des cornues de 10 à 12 tonnes. Des dispositions spéciales ont été prises pour enlever et remplacer d'un seul coup les fonds qui s'usent plus vite que le corps de l'appareil. Les fosses de coulée sont devenues plus vastes et plus commodes ; elles sont desservies par plusieurs grues puissantes qui permettent

Fig. 16. — Section transversale d'un atelier Martin.

d, poche de coulée; *g*, grue amenant les moules sous la poche de coulée; *k*, grue de démoulage enlevant les lingots pour les placer dans le puits *p* ; *p*, puits disposé en cellules, en briques réfractaires où les lingots rouges demeurent pour égaliser leur température ; *m*, grue enlevant les lingots pour les livrer au laminoir *s*.

d'enlever rapidement les lingots et de déblayer le terrain après chaque opération (fig. 16), on y a gagné de pouvoir faire un plus grand nombre d'opérations par jour : la production d'un atelier a été notablement augmentée et le prix de revient diminué.

Les fours Martin ont reçu des agrandissements analogues. Les premiers fours ne traitaient à la fois que

5 ou 6 tonnes, les fours actuels en font 12, 15 et même 20 par opération.

Les fours anciens étaient recouverts de voûtes sur-baissées qui laissaient fort peu de place au-dessus de la sole et qui s'usaient très rapidement. Les fours plus vastes que l'on construit maintenant reçoivent générale-ment des voûtes cintrées qui résistent bien mieux; le laboratoire ayant plus de hauteur, on peut y charger plus de matières, les réparations sont aussi plus faciles.

Ces modifications ont beaucoup abaissé le prix de revient. Au début du Bessemer, l'acier fondu coûtait plus de 300 francs par tonne. C'était encore un métal de luxe, comparativement au fer. Aujourd'hui, on a vu le prix des rails en acier s'abaisser à 120 francs et même au-dessous. Ils sont moins chers que ceux en fer, malgré leur qualité bien supérieure. La transformation de la fonte en acier ne revient pas à plus de 20 francs par tonne au Bessemer, 30 francs au Martin.

Au point de vue chimique, la fabrication de l'acier a reçu des transformations encore plus importantes. Aux débuts du Bessemer et du Martin, on ne savait produire couramment que certaines qualités de métal, et on était obligé d'employer des matières premières choisies : une partie importante des minerais de fer ne pouvait être utilisée par cette industrie nouvelle. Aujourd'hui, on sait produire toutes les variétés d'acier, en employant au besoin les fontes impures. Les progrès accomplis se rattachent donc à deux ordres d'idées différents que nous examinerons l'un après l'autre :

1° Procédés d'épuration permettant d'employer des fontes qui contiennent certains corps nuisibles, comme le phosphore ou le soufre ;

2° Artifices permettant d'obtenir les qualités d'acier les plus variées et de les approprier à l'usage qu'on veut en faire.

II. **Fabrication des diverses qualités d'acier.**

Raffinage et recarburation de l'acier fondu. — C'est à la fin de l'opération qu'en ajoutant des réactifs, bien choisis et bien dosés, on règle la nature et la qualité de l'acier obtenu. En général, au Bessemer comme au Martin, on dépasse d'abord le but : on prolonge l'affinage jusqu'à ce que l'on ait oxydé la presque totalité du carbone et une petite partie du fer : le bain se compose donc alors d'acier extra doux, mélangé d'oxyde de fer qui en diminue la fluidité. C'est cette mixture qu'il s'agit de transformer en acier sain. Il faut régénérer le fer en réduisant l'oxyde qui rendrait le métal pailleux ; c'est ce que l'on appelle le raffinage : il faut aussi restituer du carbone à l'acier, afin de lui communiquer la dureté voulue ; c'est ce qu'on appelle la recarburation. Ce double but, on l'obtient en général avec un seul réactif, c'est le spiegeleisen, fonte manganésée qui peut contenir, alliés au fer, 15 à 20 pour 100 de manganèse, et 5 à 6 pour 100 de carbone : le manganèse, plus oxydable que le fer, déplace ce métal de son oxyde et le régénère, en passant lui-même dans les scories : il est donc l'agent du raffinage. L'oxyde de manganèse ne reste pas interposé dans l'acier, parce qu'il forme avec la scorie, des silicates assez fusibles pour bien se séparer du bain. Quant au carbone du spiegel, une partie réagit aussi sur les oxydes et se brûle à l'état d'oxyde de carbone, mais le reste demeure allié à l'acier.

C'est donc en ajoutant plus ou moins de spiegel, qu'on règle le degré de carburation, et, par suite, la dureté de l'acier. Mais on ne peut diminuer trop la dose, car il n'y aurait plus assez de manganèse pour opérer le raffinage. On est donc obligé d'introduire un minimum de spiegel déterminé, partant, un minimum de carbone au-dessous duquel on ne peut pas descendre.

Fabrication des aciers doux. — On ne peut, dans ces conditions, fabriquer les aciers doux, qui ne doivent contenir que fort peu de carbone. Pour y arriver, il a fallu créer de nouveaux réactifs contenant relativement plus de manganèse et moins de carbone.

Telle est l'utilité du *ferro-manganèse*, dont la teneur peut aller jusqu'à plus de 80 pour 100. On peut alors n'en ajouter à l'acier que 5 à 6 millièmes, et comme la teneur en carbone reste toujours la même (6 à 7 pour 100 au plus), cette dose correspond à moins d'un millième de carbone. On arrive ainsi à fabriquer des aciers extra-doux, presque du fer fondu.

Aciers durs. — Pour fabriquer les aciers extra-durs, tels que les aciers à outils, on se trouve en présence de la difficulté contraire, c'est le manganèse, dont l'excès devient gênant. Le métal ne s'élimine pas complètement par oxydation ; il en reste toujours une partie qui s'allie au fer et qui lui donne de l'aigreur. Ce défaut, peu sensible dans les aciers doux ou ordinaires, où il reste peu de manganèse, devient inacceptable dans les aciers très carburés. Un bon acier à outils devrait contenir beaucoup de carbone, et peu ou point de manganèse ; or, l'emploi du spiegel ne permet pas d'augmenter la dose du premier de ces corps, sans introduire en même temps un excès du second.

On avait essayé depuis longtemps de faire la recarburation avec du carbone pur ou avec de la fonte d'hématite. On n'avait pas bien réussi parce que ces réactifs, ne contenant pas de manganèse, ne réalisent pas le raffinage : l'action réductrice du carbone n'est pas suffisante pour bien détruire l'oxyde de fer. On a fait récemment de nouveaux essais sur l'emploi du carbone (procédé Darby) et on l'a rendu pratique en le combinant avec celui du ferro-manganèse.

On ajoute d'abord, dans la cornue ou dans le four, un peu de ferro-manganèse pour opérer le raffinage. On n'introduit ainsi que très peu de carbone et de manganèse. L'acier doux est alors versé dans la poche de coulée, chauffée au rouge : on y a placé d'avance de la poudre de graphite, d'anthracite ou de charbon de bois, en quantité convenable pour donner à l'acier la teneur en carbone que l'on désire.

III. Utilisation des Fontes impures. Déphosphoration.

Le procédé Bessemer, dans les conditions ordinaires, n'élimine pas le phosphore qui existe souvent dans les fontes, et dont quelques millièmes suffisent à rendre l'acier cassant. Faute de pouvoir employer les fontes phosphoreuses, la fabrication de l'acier fondu était interdite à quelques-uns des districts les plus riches en minerais, comme celui du nord-est de la France : ces usines, ayant à leurs portes des amas inépuisables de minerai à vil prix, étaient obligées de se confiner dans la production du fer puddlé, qui perdait peu à peu ses débouchés les plus importants. Dans les régions où on fabriquait le métal nouveau, on était obligé souvent de faire venir de loin et à grands frais, des minerais purs; la fonte Bessemer ne pouvait s'obtenir à moins de 100 ou 120 francs la tonne en France, on ne pouvait abaisser son prix de revient, à moins d'y faire entrer en plus grande proportion les minerais ordinaires. Aussi, l'élimination du phosphore était le problème à l'ordre du jour, même dans les centres industriels auxquels ce progrès devait plus tard devenir funeste, en les privant d'une sorte de monopole.

Principes de la déphosphoration. — Grüner, l'éminent professeur de l'Ecole des Mines de Paris, avait analysé dès le début, d'une façon magistrale, les causes qui s'opposaient au départ du phosphore, soit au Bessemer soit au Martin, et il avait indiqué *à priori* les vrais moyens d'y remédier.

Le phosphore, quand on puddle le fer, s'oxyde et passe dans la scorie à l'état de phosphate, tandis qu'au Bessemer, il reste dans le métal. Pourquoi ne se comporte-t-il pas de la même manière dans les deux cas ? C'est que les scories n'ont pas la même composition. Les scories du puddlage sont basiques, elles contiennent 70 pour 100 d'oxyde de fer contre 20 pour 100 de silice, c'est-à-dire deux équivalents de base pour un d'acide. Les scories du Bessemer contiennent 50 à 60 pour 100 de silice, combinée à différents oxydes, surtout à ceux du fer et du manganèse ; il s'y trouve au moins deux équivalents d'acide pour un de base.

Or, l'acide phosphorique joue le même rôle chimique que la silice : il peut être remplacé par elle. Il ne trouve donc pas d'éléments auxquels il puisse se combiner dans les scories Bessemer, déjà sursaturées par un autre acide, tandis que dans les scories du puddlage il trouve un excès de bases qui le retiennent énergiquement à l'état de phosphate. Dans les deux opérations, l'air peut oxyder le phosphore que contient le métal, mais dans l'une, cette oxydation est définitive parce que le produit en est absorbé immédiatement par une scorie pour laquelle il a une grande affinité, capable de le protéger contre les actions qui tendraient à le réduire de nouveau; dans l'autre, l'acide phosphorique, s'il vient à se former, ne peut se combiner à rien, il reste exposé à l'action du fer fondu et du carbone, qui tendent à le réduire pour reformer du phosphore : l'action affinante de l'air est donc sans cesse combattue par une influence contraire, et le métal reprend le phosphore à mesure qu'il lui est enlevé.

La cause du mal étant bien définie, le remède apparaît clairement. Il faut opérer en présence de scories basiques, mais là se présente une difficulté pratique; les parois des fours doivent être très réfractaires, c'est-à-dire composées de matériaux très infusibles, pour résister aux hautes températures développées. Or, pour réaliser ces conditions, on les faisait en général avec des argiles très siliceuses. Les parois des fours Martin sont même souvent construites en briques de silice pure. Ce corps résiste très bien à la chaleur, mais il s'attaque et se dissout lorsqu'il est baigné par des scories fondues, de composition basique. Non-seulement le four se dégrade, mais le laitier s'enrichit en silice et devient impropre à retenir l'acide phosphorique ; ainsi dans les anciens fours il était impossible de conserver des scories basiques, leur composition se trouvant bien vite modifiée par l'attaque des parois.

Pour lever cette difficulté, il fallait trouver des matériaux de nature toute différente qui continssent peu de silice et qui fussent cependant réfractaires et capables de former des parois assez solides. Muller avait trouvé avant 1870 le moyen de faire à Ivry des briques de magnésie pure qui remplissaient assez bien ces conditions ; on possédait donc en France tous les éléments essentiels pour résoudre le problème de la déphosphoration. Malheureusement, par suite de circonstances diverses, on ne fit pas d'essai pratique assez prolongé, la question ne fut reprise que quelques années après en Angleterre. MM. Thomas et Gilchrist arrivèrent à construire des cornues Bessemer revêtues intérieurement de dolomie.

On peut alors, en ajoutant de la chaux, obtenir un laitier aussi basique que l'on veut. Ce laitier retient énergiquement l'acide phosphoriqne ; l'expérience a montré en outre que, pour y faire passer la totalité du phosphore, il faut prolonger l'opération pendant quelque temps, après l'élimination du carbone. C'est ce que l'on appelle le sursoufflage.

Une fois le succès obtenu au Bessemer, on est arrivé rapidement dans bien des usines à opérer la déphosphoration au four Martin, où elle est relativement plus facile. En effet, la sole n'y est pas exposée à des chocs violents comme dans la cornue Bessemer, elle est plus commode à réparer entre les opérations. Elle n'a donc pas besoin d'être aussi solide et on a le choix entre divers matériaux basiques pour la construire.

Les principes de l'opération sont toujours les mêmes,

il faut ajouter à la charge assez de chaux pour former des laitiers pauvres en silice, et prolonger l'affinage jusqu'à l'oxydation complète du phosphore dont les dernières traces ne s'éliminent qu'après le carbone.

Nous allons donner maintenant quelques détails techniques sur la manière de préparer les revêtements basiques et de conduire l'affinage des fontes phosphoreuses soit au Bessemer, soit au Martin.

Préparation des garnissages basiques. —La chaux était la substance naturellement indiquée pour former des revêtements basiques réfractaires ; mais lorsqu'elle est pure, elle ne prend pas une cohésion suffisante et les parois se détruisent trop facilement. On n'a pu réussir qu'en employant des calcaires contenant assez de matières étrangères pour les rendre non pas fusibles, mais frittables à une haute température. Les dolomies remplissent ces conditions, tout en contenant fort peu de silice : les meilleures contiennent 15 à 20 pour 100 de magnésie, et moins de 1 pour 100 de silice. On peut ainsi employer des calcaires argileux contenant au plus 4 pour 100 de silice, avec 4 pour 100 d'alumine ou d'oxyde de fer. On a fait des pisés pour sole avec des calcaires ordinaires mélangés d'un peu de minerai de fer.

Le calcaire et la dolomie prennent un retrait de 60 pour 100 par la calcination : il faut les cuire avant de les employer ; cette cuisson doit être faite à une température aussi élevée que possible, et prolongée, pour

que le retrait soit complet. C'est la partie la plus coûteuse de la préparation.

La chaux caustique s'hydrate facilement et tombe
en poussière au contact de l'air humide. Les revêtements
en dolomie se désagrègent lorsque le four subit un arrêt
prolongé. On ne peut donc se servir d'eau pour rendre
la dolomie plastique. Il faut la délayer dans du goudron préalablement bouilli ; cette opération doit être
faite au dernier moment, sinon les produits doivent
être conservés à l'abri de l'air. On obtient ainsi une
pâte qu'on peut mouler en briques, ou employer à l'état
de pisé en la damant par couches minces avec des
dames de fonte chauffées au rouge.

La magnésie donne un produit plus réfractaire encore
que la dolomie; elle est d'un maniement plus facile, car
elle ne se désagrège pas sous l'influence de l'eau. La
magnésie absolument pure serait peut-être difficile à
agglomérer.

Mais les magnésies naturelles contiennent toujours
de petites proportions de corps étrangers qui leur permettent de se fritter à haute température sans se fondre.
Celle d'Eubée contient après calcination de 1 à 1,5
pour 100 de silice. Celle de Styrie contient en outre
un peu de chaux, d'oxydes de fer et de manganèse; elle
est noire après calcination. Les gisements étant rares,
ces produits sont encore chers : le carbonate revient à
50 francs environ en France, la magnésie calcinée sur
place en Styrie à 60 francs. Mais on en consomme beau-

coup moins que lorsqu'on emploie la dolomie, qui n'offre pas la même résistance.

La magnésie, pour prendre tout son retrait et devenir inaltérable par l'eau doit être calcinée à la plus haute température possible ; elle constitue ce qu'on peut appeler la magnésie frittée. Si on l'a seulement calcinée au rouge vif, elle est décarbonatée, et à l'état de magnésie caustique qui est sujette à s'hydrater comme la chaux, mais moins rapidement.

On a essayé d'employer la magnésie artificielle qui peut se retirer des eaux mères des salines, ou des résidus de traitement des sels de Stassfurt. Le procédé Closson, par exemple, consistant à précipiter les eaux saturées de chlorure de magnésium par de la dolomie caustique donnerait, dit-on, de la magnésie à 5 francs la tonne. La chaux de la dolomie se substitue à la magnésie du chlorure : la magnésie n'est pas altérée. Ces produits sont exposés à contenir des traces d'alcalis ou de chlorures qui les rendent trop fusibles. Je crois cependant qu'ils sont employés en Allemagne.

Le procédé Scheibler pour extraire la magnésie ne paraît pas présenter le même inconvénient. La dolomie est délayée, mélangée avec de la mélasse, puis chauffée de manière à expulser l'acide carbonique ; il se forme du saccharate de chaux soluble, et en lavant on laisse la magnésie pure. En chauffant la dissolution de saccharate, on précipite la chaux et on régénère le sucre.

La magnésie s'emploie surtout sous forme de briques ;

pour en faciliter le moulage on peut ajouter à la magnésie frittée et broyée, si elle est très pure, 4 à 5 pour 100 d'argile; il vaut mieux se servir comme pâte liante de magnésie caustique qu'on délaye dans un peu d'eau juste au moment de l'emploi, et qu'on ajoute dans les proportions de 10 pour 100. On peut encore agglomérer la magnésie frittée avec du goudron. Les briques moulées et séchées peuvent s'employer telles quelles; elles ne prennent pas de retrait si le frittage a été bien fait. Il est peut-être préférable cependant de leur faire subir une nouvelle cuisson au blanc.

Le pisé de magnésie, qui sert à garnir les soles, se fait avec une pâtée préparée comme celle des briques.

La magnésie préparée et prête à être employée peut revenir à 100 ou 150 francs la tonne; la dolomie préparée coûte en général moins de 50 francs; mais on en consomme beaucoup plus. Son emploi semble cependant plus économique, mais celui de la magnésie est plus commode, surtout pour les petites usines.

Les fonds des cornues Thomas se fabriquent en pisé de dolomie qu'on dame autour de tuyères en terre réfractaire ordinaire. Ces tuyères sont protégées contre la fusion par l'action refroidissante de l'air. Les parois peuvent se faire en briques, mais le pisé paraît encore préférable.

Soles basiques — Dans les fours Siemens basiques, la sole est faite en pisé damé sur une plaque de fonte ou de tôle, le pourtour du bassin est en briques de dolomie ou de magnésie. Les autels et la voûte sont en briques siliceuses. Il faut les garantir contre le contact de la dolomie qui les fondrait ; on interpose une couche de briques de magnésie, ou de fer chromé. La voûte doit être élevée, les conduites de gaz et d'air, pour lesquelles la disposition en lames parallèles et horizontales paraît la meilleure, doivent être à une certaine hauteur. Un des accidents à craindre est en effet la fusion des briques des régénérateurs par les poussières de chaux entraînées ; il faut le combattre en diminuant la vitesse du courant. La face de coulée doit avoir des portes vastes, permettant de bien réparer toutes les parties de la sole.

Soles neutres en fer chromé. — On emploie encore avec succès les pisés de fer chromé, aggloméré avec un peu de chaux, recommandés par MM. Valton et Rémaury Ce revêtement, très réfractaire et d'une durée presque indéfinie, n'est pas attaqué par la fonte ni par les scories, il n'a donc aucune influence sur leur composition, ses inventeurs le qualifient de neutre. On s'en sert au four Martin pour le traitement des fontes peu phosphoreuses. Il semble qu'il améliore même l'acier en y laissant passer des traces de chrome.

Nature des fontes traitées par le procédé Thomas. — Les fontes traitées au Bessemer basique doivent être chaudes mais peu siliceuses. On tâche de n'y pas introduire plus de 1 pour 100 de silicium, et cette proportion descend parfois à 0,5. Le phosphore doit être assez abondant, car il remplace le silicium comme élément combustible, et s'il y en avait trop peu, il ne se produirait pas assez de chaleur pour fondre l'acier. On ne traite guère que des fontes à plus de 1,5 pour 100 de phosphore, 2 pour 100 paraît la meilleure proportion. Si on dépasse 3, l'opération devient trop longue. Le manganèse est utile pour protéger le fer contre l'oxydation ; il y en a généralement 1 à 1,5 pour 100. Le soufre doit être évité, car il ne s'élimine pas par ce mode d'affinage.

Conduite de l'opération — La fonte fondue est versée dans la cornue avec une proportion de chaux calcinée pour que la scorie ne contienne pas plus de 10 pour 100 de silice. La proportion peut être de 10 à 20 pour 100 du poids de fonte. On ajoute aussi un peu de spath–fluor pour rendre la scorie plus fluide.

L'opération comprend trois phases : 1° La scorification pendant laquelle le silicium brûle, elle dure peu. Le phosphore ne passe qu'en petite quantité dans la scorie ; cependant si cette dernière est très basique et fluide, il pourra y passer plus de phosphore. Dans ce cas on fera un décrassage pour l'enlever avant de continuer. 2° La décarburation, le carbone brûle avec flamme. Pendant cette période, le phosphore tend plutôt à se réduire et à rentrer dans le métal. Quand la flamme est tombée, le carbone est éliminé ; on décrasse pour enlever la scorie siliceuse et terminer avec une scorie aussi basique que possible. 3° Le sursoufflage : On ajoute encore un peu de chaux et on redonne le vent ; comme il n'y a plus de carbone ni de silicium, le phosphore s'oxyde complètement ainsi que le manganèse. On prend une éprouvette qu'on martèle et qu'on trempe; d'après le grain on détermine le temps de sursoufflage qui peut être nécessaire.

Quand tout est terminé on décante les scories; on ajoute alors du spiegel (fonte manganésée) qui réduit l'oxyde de fer resté dans le bain, et restitue à l'acier le carbone nécessaire. A ce moment, si le carbone agit sur la scorie, il peut y avoir réduction et retour du phosphore dans le métal. Il faut donc décrasser avec grand soin. Souvent on préfère mettre le spiegel dans la poche de coulée ; mais la réaction très vive peut amener des projections. L'emploi du ferro-manganèse est avantageux, parce qu'on en ajoute beaucoup moins, et qu'il y a moins de carbone ; mais on ne peut obtenir ainsi que des aciers doux.

Le déchet peut être de 13 à 15 pour 100 au lieu de 10 à 11, chiffre qu'il atteint d'ordinaire au Bessemer acide. La consommation de dolomie peut aller à 4 ou 5 pour 100. Un fond fait une vingtaine d'opérations. En somme, les frais de fabrication dépassent de 10 francs environ par tonne d'acier ceux du Bessemer acide, ils pourront monter à 25 ou 30 francs.

L'installation présente quelques particularités. Les convertisseurs reçoivent parfois une forme symétrique autour de leur axe, pour verser d'un côté ou de l'autre, car le côté inférieur se garnit de scories figées et si on n'alternait pas, l'autre côté du garnissage s'userait bien plus vite. Le bec doit être très large, parce qu'il tend à s'obstruer. Il faut une fosse de coulée de chaque côté du convertisseur symétrique : il est bon de placer les lingotières sur des chariots pour enlever rapidement les scories et le métal. Enfin, le fond doit être entièrement démontable et des appareils spéciaux permettent son remplacement rapide lorsqu'il est usé.

Emploi des scories. — Les scories phosphatées du Bessemer sont souvent utilisées comme engrais par l'agriculture. A ce point de vue, il peut être utile de les fractionner : en enlevant les scories un peu avant la fin du sursoufflage, on obtient des produits riches en chaux et pouvant contenir plus de 20 pour 100 d'acide phosphorique. L'oxydation du fer ne se produit qu'à la fin de l'opération ; les dernières scories qui se forment alors sont beaucoup plus riches en fer, et contiennent moins de 10 pour 100 d'acide phosphorique, on peut les repasser au haut fourneau.

Les aciers Thomas sont, en général, des aciers relativement doux, car pour ne pas réintégrer le phosphore dans le métal, il faut ajouter, après l'affinage, le moins de carbone possible. Ce corps tend, en effet, à réduire les phosphates de la scorie.

On emploie, pour le raffinage, du ferro-manganèse dont le rôle a été expliqué déjà, et qui introduit le minimum de carbone. Toutefois, si on enlève soigneusement la scorie, on peut ajouter ensuite impunément du carbone et faire, même par ce procédé, des aciers durs.

On peut notamment ajouter le complément de carbone nécessaire dans la poche de coulée.

Traitement des fontes peu phosphoreuses. — Il n'y a plus guère qu'une difficulté qui limite dans certains cas l'emploi du procédé Thomas. On ne peut pas traiter de cette manière des fontes modérément phosphoreuses. Chose curieuse : il est plus facile d'éliminer beaucoup de phosphore que peu. Ce corps à la fin de l'opération, reste seul avec le fer et joue, tout en s'en allant, un rôle éminemment utile, celui de combustible. C'est son oxydation qui dégage la chaleur nécessaire pour maintenir le bain fondu. S'il n'y en avait pas assez, l'appareil se refroidirait, et le métal se figerait.

Pour affiner ces fontes qui ne contiennent qu'un peu de phosphore, il faut opérer au four Martin, où le bain est maintenu chaud par un foyer extérieur. Le travail est alors plus long et plus coûteux.

Ainsi, cet élément, qui était autrefois la bête noire des métallurgistes, est presque recherché aujourd'hui dans les usines qui appliquent le procédé Thomas, et dans une communication sur les premiers essais de cette méthode, M. Massenez a pu à bon droit, au grand étonnement des métallurgistes français, appeler le phosphore *notre ami*.

On pourrait croire que les minerais purs ont néanmoins conservé **leur** supériorité. Ce serait une erreur : ils sont en général plus chers, et les fontes qu'ils donnent sont rarement tout à fait exemptes de phosphore.

Aussi les aciers obtenus avec des fontes pures au convertisseur acide, par l'ancienne méthode, sont-ils en moyenne plus phosphoreux que ceux qu'on fait par le procédé basique avec les fontes les plus impures.

Si on veut enlever ces traces de phosphore, il faut affiner sur sole basique au four Martin. Aussi ce dernier procédé s'est rapidement répandu en France, et tandis que la déphosphoration au convertisseur se pratique exclusivement dans l'Est (où on a des minerais phosphoreux en abondance), la déphosphoration sur sole basique est appliquée partout, dans les usines qui font encore du Bessemer acide avec des fontes pures.

Déphosphoration sur sole. — Les fontes traitées au four Siemens basique doivent satisfaire à peu près aux mêmes conditions que celles qu'on destine au Bessemer, seulement la proportion de phosphore peut être quelconque. Le four étant chauffé, ce corps n'a plus d'utilité comme élément calorifique et ne fait qu'allonger l'affinage.

On charge la fonte près des autels, le fer et la chaux au centre : il y a avantage à mettre toute la charge de fonte à la fois; elle s'oxyde mieux pendant la fusion au milieu des flammes. A mesure qu'elle devient liquide, elle coule sur un mélange pâteux de fer oxydé et de chaux qui oxyde et absorbe le phosphore. La conduite de l'opération ne présente rien de particulier; souvent on enlève les premières scories et on fait de nouvelles additions de chaux et de riblons pour terminer. Lorsque

tout le phosphore est éliminé, on décrasse très soigneusement, et on ajoute le spiegel ou le ferro-manganèse
dans la poche de coulée ou dans le four.

Les frais de fabrication peuvent être de 30 à 35 francs.

*Importance industrielle des procédés de déphos-
phoration.* — Le procédé Thomas est actuellement
appliqué sur une grande échelle à Longwy.

Il va se répandre bien davantage par suite de l'expi-
ration des brevets qui fera cesser l'espèce de monopole
dont il était l'objet en France.

Quant au procédé Martin sur sole basique, il est
appliqué un peu partout, notamment pour la fabrication des tôles, des aciers doux, ou des produits de
qualité supérieure.

Ces procédés nouveaux n'offrent pas seulement l'avantage de permettre l'emploi des fontes phosphoreuses.
Il y a souvent intérêt pour les produits supérieurs à
affiner sur sole basique les fontes relativement pures.
Celles-ci contiennent presque toujours des traces de
phosphore qu'on peut éliminer par ce mode de travail :
il se prête du reste mieux à la fabrication des aciers
doux.

La découverte de la déphosphoration a produit une
sorte de révolution industrielle presque comparable à
celle qui avait suivi l'invention du Bessemer. Celle-ci
avait provoqué un déplacement important de l'activité
métallurgique, la fabrication de l'acier fondu s'était
développée surtout là où on pouvait se procurer du

minerai pur. En France, où ces minerais sont rares, c'est dans le Midi, ou à portée de la mer, c'est-à-dire des minerais d'Algérie et d'Espagne, que s'étaient fondées les usines les plus récentes, comme Beaucaire, Boucau (près Bayonne), Saint-Nazaire. D'autres grands établissements situés sur des bassins houillers comme le Creusot, les usines de la Loire employaient aussi les minerais d'Algérie. La fonte leur revenait plus cher. Mais disposant de bons charbons de forge, d'un personnel très exercé au travail des grosses pièces, ils pouvaient encore produire à bon compte.

Quant aux districts qui avaient dû leur ancienne prospérité à la présence de gisements de minerais de fer faciles à exploiter, mais impurs, comme celui de la Moselle, on n'y pouvait faire de l'acier fondu ; réduits à la fabrication du fer forgé, auquel l'acier se substituait de plus en plus, ils avaient vu diminuer, sinon de leur activité absolue, au moins leur importance relative.

Depuis quinze ans, la situation a changé de face : avec la possibilité d'affiner toutes les fontes, l'avantage est revenu à ceux qui peuvent produire cette matière première à bon marché. Pour les aciers communs (tels que les rails), la Moselle a repris la tête de la production. Parmi les anciennes usines qui avaient le monopole du Bessemer acide, celles qui étaient le mieux situées ont seules pu continuer la lutte. Dans les autres, on ne produit plus guère l'acier qu'au four Martin, pour les fabrications qui demandent des qualités supérieures, et où le prix de revient a moins d'importance. Les usines du centre ont dû se consacrer surtout soit à la production des aciers spéciaux, soit à celle des grandes pièces de forge, comme les blindages, les canons, pour lesquels le travail du métal joue un rôle bien plus important que le prix des matières premières. Sur ce terrain, l'expérience prolongée qu'elles ont acquise, la possession d'un outillage puissant et d'un personnel exercé à ces difficiles travaux leur assure encore la prépondérance pour longtemps.

Phases successives de l'industrie de l'acier en France. — Ces migrations de la métallurgie se traduisent nettement dans la statistique des forges.

En 1864, avant l'invention du Bessemer, sur 700.000 tonnes de fer fabriquées en France, les départements de l'Est en produisaient plus de 200.000 ; les emplois de l'acier étaient très limités, la France entière n'en produisait guère plus de 30.000 tonnes dont la moitié venait de la Loire, où des maîtres de forge entreprenants avaient les premiers importé les procédés anglais.

En 1875, le procédé Bessemer était en pleine prospérité, mais on ne savait pas encore traiter les fontes phosphoreuses, la production de l'acier était montée à 250.000 tonnes (dont 180.000 pour les rails). Les diverses usines de la Loire en produisaient 100.000 et le Creusot 80.000.

La production du fer n'avait du reste pas diminué :

elle dépassait 700.000 tonnes : les départements de l'Est n'en donnaient plus que 130.000, mais cette différence provenait surtout de ce que le plus productif, la Moselle, nous avait été enlevé en grande partie.

Actuellement, la production de l'acier est montée à plus de 600.000 tonnes, sur lesquelles le département de Meurthe-et-Moselle qui a le monopole du procédé Thomas en produit 172.000. Le reste est encore fabriqué soit au Bessemer acide, soit au Martin : c'est dans le Nord que se fait la principale production du Bessemer acide (180.000 tonnes) ; ensuite les Landes avec l'usine de Boucau (40.000 tonnes).

La Loire donne à peine 60.000 tonnes, qui sont exclusivement faites au four Martin.

La production du fer a du reste augmenté aussi ; elle dépasse 800.000 tonnes, sur lesquelles l'Est n'en produit que 130.000.

Ainsi, c'est avec la fabrication de l'acier Bessemer basique, que l'Est a repris la prépondérance que le Bessemer acide lui avait enlevée. On voit, du reste, que le développement de l'acier n'a pas empêché la production du fer d'augmenter aussi. Le nouveau métal a enlevé à l'ancien certains débouchés importants comme les rails qui ne se font plus guère qu'en acier fondu ; mais grâce à l'impulsion générale donnée à l'industrie, le fer a vu s'élargir les débouchés qui lui restaient, notamment les tôles, les constructions métalliques.

Propriétés des aciers basiques. — L'acier basique

bien préparé ne contient que quelques dix millièmes de phosphore, la teneur monte au plus à 1/1000. Il est supérieur à ce point de vue aux aciers qu'on obtenait au Bessemer ordinaire avec des fontes provenant des minerais considérés comme purs. Les métaux qu'on obtient couramment sont peu carburés, moins de 2 ou 3 millièmes : on peut aller sans difficulté jusqu'à 4. Nous avons vu qu'en voulant introduire plus de carbone, il faut des précautions exceptionnelles pour ne pas réintégrer du phosphore. Ils contiennent toujours quelques millièmes de manganèse : en poussant cette proportion à 6 ou 7 on peut obtenir des aciers assez durs pour rails, ayant 60 à 70 pour 100 de résistance avec 10 à 20 pour 100 d'allongement Cependant la qualité qu'on produit le plus couramment est moins carburée : elle correspond à une résistance de 40 à 50 kilogrammes, avec un allongement de 30 à 20 pour 100 et se prête bien à la fabrication des tôles ou des fils de fer.

La figure 17 montre des poutres en fer fondu Thomas auxquelles on a fait subir des pliages mettant en évidence la douceur du métal.

Désulfuration. — Le soufre ne s'est pas montré aussi accommodant que le phosphore, on n'a pas su s'en faire un ami. On n'est pas arrivé à l'éliminer pendant l'affinage, et quand on veut employer des fontes sulfureuses pour des fabrications un peu délicates, il faut les soumettre à un traitement préalable afin de les épurer.

M. Rollet a montré qu'on pouvait désulfurer la fonte, en la refondant lentement dans un cubilot avec des

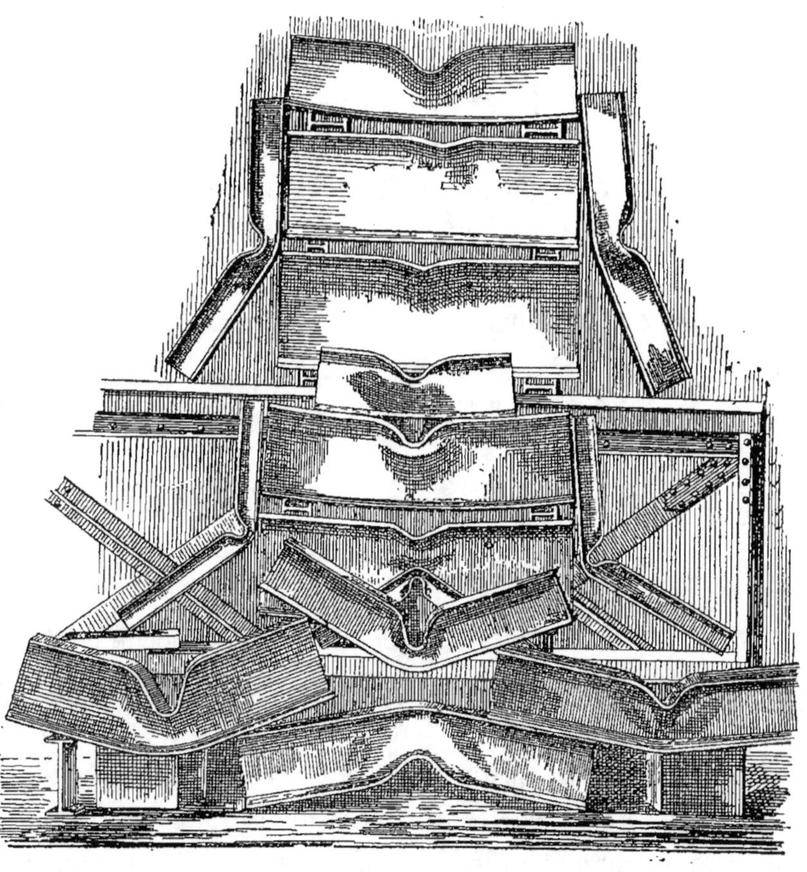

Fig. 17. — Poutres en fer fondu Thomas.

laitiers ultra-basiques, à 15 pour 100 de silice environ. Le soufre, en effet, ne s'élimine bien qu'à l'état de sulfure de calcium ou de manganèse, c'est-à-dire dans une atmosphère réductrice comme celle du cubilot : ces sulfures ne peuvent être retenus que par des laitiers très calcaires et il faut un contact très intime qui n'est pas réalisé au réverbère. Le cubilot est revêtu de dolomie, on y charge la fonte avec du calcaire, de la dolomie, des minerais manganésés et du spath-fluor, pour obtenir un silicate multiple et rendre le laitier assez fluide. On peut arriver à déphosphorer en même temps, si on soumet le métal à un sursoufflage prolongé dans le creuset, mais cela ne paraît pas avantageux, il vaut mieux se contenter de désulfurer et affiner la fonte par les procédés basiques.

Des procédés analogues sont employés aujourd'hui dans beaucoup d'usines, quand on veut obtenir des produits tout à fait supérieurs. On arrive à préparer ainsi des aciers doux comparables comme pureté aux fers fins de Suède.

M. Saniter a indiqué récemment un procédé peut-être encore plus pratique. Il consiste à faire réagir sur la fonte un mélange de chaux et de chlorure de calcium dont l'effet désulfurant paraît être beaucoup rapide. On fait couler au sortir du fourneau la fonte en fusion dans une poche chauffée au rouge contenant le mélange indiqué : après quelques instants de brassage, l'élimination du soufre est complète.

Du moment qu'on sait éliminer les deux corps qui altèrent souvent la qualité de l'acier, on peut préparer de bon métal avec n'importe quel minerai. On croyait jadis qu'il y avait des minerais privilégiés, seul capables de produire des fers supérieurs ou de bons aciers : les autres étaient comme sous le poids d'une fatalité inéluctable ; rien de bon ne pouvait sortir de leur souche impure ; le fer qui en provenait était souillé d'une tache originelle, il portait partout avec lui la tare de sa naissance. Aujourd'hui, cette hiérarchie des minerais s'est écroulée ; les mots de propension aciéreuse, de minerai d'acier qu'on prononçait gravement comme des formules mystérieuses, doivent être relégués parmi les superstitions antiques. On les respectait d'autant plus qu'on ne savait pas au juste ce qu'ils signifiaient ; au fond, ils ne signifiaient rien. Tous les minerais sont aujourd'hui égaux devant la chimie ; tous les fers peuvent devenir purs si on sait les traiter.

IV. **Aciers spéciaux.**

Les procédés que j'ai décrits plus haut permettent d'obtenir au Bessemer ou au Martin, toute l'échelle des aciers au carbone, depuis le plus doux jusqu'au plus dur. Mais l'industrie moderne ne s'est pas contentée de ces aciers naturels qui suffisaient à nos pères. Elle a créé, elle crée chaque jour de nouveaux métaux, doués de propriétés spéciales, en alliant le fer à d'autres corps. Ainsi on fait des aciers très durs, en ajoutant à la fin de l'opération des fontes riches en chrome ou en tungstène. L'acier au chrome, qui contient jusqu'à 3 pour 100 de ce métal, est à la fois dur et tenace :

on l'emploie surtout pour les projectiles. Veut-on un métal dur sans aigreur, comme il en faut pour les blindages? On ajoute du nickel, qui, sans diminuer la résistance, donne à l'acier la structure fibreuse et la souplesse du fer doux.

Cet emploi des alliages sera le fait caractéristique de la phase où la métallurgie de l'acier entre depuis quelques années. Il y a longtemps que les métaux fusibles, comme le cuivre, sont employés de préférence sous forme d'alliage. Pour chaque usage spécial, on a des formules différentes de bronze ou de laiton, et on modifie ainsi les qualités du cuivre suivant le but à atteindre. Le fer, par son infusibilité, se prêtait mal à des combinaisons de ce genre. On était obligé de le prendre tel que ses minerais le donnaient, avec ses défauts et ses qualités. Cette difficulté naturelle est maintenant vaincue. On sait fondre le fer, il était naturel qu'il subît le sort du cuivre et qu'on apprît à le corriger, à le transformer par des alliages convenables. On n'a fait encore que les premiers pas dans cette voie. Il est probable que nous verrons paraître bien des alliages nouveaux ; pour chaque emploi on trouvera des combinaisons spéciales offrant juste les propriétés voulues et qui remplaceront le fer ou l'acier ordinaires.

Je vais donner quelques détails sur l'influence des corps qu'on allie le plus souvent à l'acier.

Aciers au manganèse. — Le manganèse augmente la charge de rupture ; relève la limite d'élasticité ; il diminue l'allongement. Il rend l'acier plus sensible à la trempe, qui se produit à température plus basse : aussi ne peut-il coexister avec le carbone sans que le métal devienne aigre.

Les aciers ordinaires contiennent toujours quelques millièmes de manganèse. Au-dessous de 2 ou 3 millièmes, son action est peu sensible. Au delà il faut limiter la teneur en carbone pour que le métal ne soit pas fragile. Avec 4 millièmes de carbone, et 6 à 8 de manganèse, on peut obtenir des aciers assez malléables, raides et élastiques, qui conviennent assez bien pour rails et ont encore des allongements de 15 à 20 pour 100. On peut admettre que 3 de manganèse équivalent à peu près, pour la dureté, à 1 de carbone.

Les teneurs un peu plus élevées, de 1 pour 100 environ, donnent des aciers à outils très durs, mais difficiles à manier : ils sont exposés à se brûler au réchauffage, à se fissurer à la trempe. Il faut les chauffer à température très modérée. Pour des teneurs plus fortes, la trempe à l'eau devient impossible. Au delà de 2 pour 100, le métal se travaille mal.

A de très hautes teneurs (de 7 à 21 pour 100) on obtient des alliages dont les propriétés sont tout à fait spéciales. Ils peuvent se forger à chaud : à froid ils ont une dureté extrême, et ne se travaillent qu'à la meule d'émeri. Ils se moulent bien, on en fait des outils, coulés et affilés à la meule, qui n'ont pas besoin d'être trempés.

Acier au tungstène. — Les aciers au tungstène se fabriquent en ajoutant à l'acier fondu ordinaire du ferro-tungstène. Ce produit s'obtient en réduisant au creuset brasqué le wolfram ou l'acide tungstique.

La ténacité augmente jusqu'à une teneur de 3 pour 100 environ, elle dépasse alors 100 kilogrammes. Au delà, le métal devient aigre et fragile. Ces aciers ont un grain extrêmement fin, une cassure presque vitreuse. Ils sont d'une dureté extrême, même sans être trempés. Ils sont excessivement sensibles à la trempe, qu'ils prennent à température basse. Les plus durs ne peuvent guère se tremper qu'à l'huile.

Ils ont une force coercitive considérable et donnent des aimants puissants.

Ils sont tout particulièrement sensibles au réchauffage, parce que le tungstène s'oxyde peu à peu. Cet effet se produirait même, dit-on, à l'air humide. Ces inconvénients sont de nature à limiter à quelques cas spéciaux l'emploi de ces aciers.

Acier chromé. — Les aciers au chrome se fabriquent au creuset ou au Martin, par addition de ferrochrome. Leur teneur en chrome ne dépasse pas, en général, 1/2 à 1 pour 100. Ils ont une grande dureté, une ténacité considérable, tout en conservant un certain allongement. Ainsi, on peut obtenir des métaux ayant de 70 à 80 kilogrammes de charge de rupture avec 15 à 10 pour 100 d'allongement.

La charge de rupture peut atteindre 120 kilogrammes

après trempe, l'allongement restant encore de 6 pour 100. La limite d'élasticité est très élevée.

Ces aciers conviennent spécialement pour résister au choc, et leur principal emploi est dans la fabrication des obus de rupture pour la marine.

Le chrome n'abaisse pas la température de trempe comme le manganèse, aussi peut-on le combiner avec une teneur assez forte en carbone : les aciers chromés ordinaires contiennent 6 à 8 millièmes de carbone. Avec 2 pour 100 de chrome et 1 pour 100 de carbone, on obtient des aciers à outil extrêmement durs, qu'on ne peut tremper qu'à l'huile.

Ces aciers sont peu fusibles, et leur coulée est difficile : le chrome a une tendance à s'oxyder pendant la fusion. La production d'une pellicule d'oxyde empêche le métal de se souder : on ne l'emploie qu'à faire des objets forgés d'une seule pièce. La trempe doit se faire à haute température, mais avec des précautions spéciales, car le métal se fissure par une trempe trop brusque. Quand on ne recherche pas une dureté extrême, on le trempe à l'huile et on recuit au rouge sombre.

Acier au nickel. — Le nickel qu'on ajoute surtout dans les blindages, à la dose de 3 pour 100 environ, donne à l'acier une structure fibreuse et le rend moins cassant. On obtient plus de dureté, en combinant son action avec celle du chrome. Cette alliage ternaire paraît être celui qui convient le mieux aux blindages.

V. Fabrication des aciers moulés.

Employer l'acier sous forme de moulages, comme le bronze et la fonte, a toujours été un rêve poursuivi par beaucoup de métallurgistes. Les fours actuels permettent de chauffer, même les aciers doux, à des températures assez élevées pour les obtenir bien fluides. Mais il est très difficile d'avoir, après refroidissement, un métal qui soit bien sain et ne présente pas de soufflures. Au moment de la coulée, le métal en fusion bouillonne : il se dégage une multitude de bulles de gaz, qui, au moment où le métal devient pâteux, y restent emprisonnées et déterminent la formation d'autant de vides. Lorsque la pièce est forgée, ces vides s'aplatissent et se ressoudent en partie : mais, si on veut la laisser telle quelle, ils lui ôtent toute solidité.

Moyens d'éviter les soufflures. — Les fabricants d'acier au creuset, à Sheffield, savent atténuer ce défaut en laissant reposer le métal dans le four, avant de le couler, jusqu'à ce que le bouillonnement soit à peu près calmé : c'est ce qu'ils appellent *tuer le métal.* Ce tour de main, très délicat à appliquer, ne suffit pas pour couler des pièces saines d'un volume un peu considérable, il ne réussit bien que pour les aciers durs. Il fallait donc trouver autre chose pour faire entrer l'acier moulé dans la pratique courante.

L'idéal serait assurément d'empêcher tout à fait le

dégagement de gaz. On a proposé de comprimer énergiquement l'acier dans le moule où on le verse. On pensait que la pression retiendrait les gaz dans le liquide, et qu'en élevant la température de fusion, elle déterminerait la solidification brusque, sans passer par l'état pâteux. Les essais tentés à diverses reprises en France n'ont pas donné de résultats pratiques; on n'arrivait guère qu'à modifier la répartition des soufflures, à les réunir au centre du lingot, ce qui peut être un avantage quand cette partie doit être enlevée au cours du travail ultérieur. D'après certains ingénieurs, le procédé serait efficace si on pouvait réaliser de très hautes pressions; mais on rencontre pour cela de grandes difficultés matérielles. La compression n'a jamais été d'un usage courant que dans la grande usine anglaise de M. Whithworth, et les lingots qu'on y soumet sont ensuite forgés.

Emploi du silicium. — Les travaux de certains ingénieurs français, et notamment ceux de M. Pourcel, ont donné une solution toute différente du problème. On est arrivé, par des procédés chimiques, en modifiant la nature du métal, à empêcher, ou du moins à diminuer beaucoup la production des gaz.

On pensait autrefois que ces gaz se composaient surtout d'oxyde de carbone, et qu'ils prenaient naissance par la réaction du carbone sur l'oxyde de fer dissous dans le bain ($C + FeO = CO + Fe$). Dès lors, si on peut éliminer cet oxyde, en ajoutant un corps capable de le réduire sans dégager de gaz, on empêchera cette réaction et on préviendra la formation des soufflures. Le silicium, le manganèse, jouissent tous les deux de cette propriété, ils ont pour l'oxygène plus d'affinité encore que le carbone, et ils déplacent le fer de son oxyde en donnant naissance à des corps solides, la silice, ou le protoxyde de manganèse, sur lesquels le carbone n'a plus d'action. L'expérience montre du reste que les aciers qui contiennent du silicium ou du manganèse présentent naturellement moins de soufflures que les autres.

Si on ajoute à l'acier fondu, soit dans le four, soit dans la poche de coulée un peu de silico-spiegel (fonte à 8 ou 10 pour 100 de silicium et 15 ou 20 pour 100 de manganèse), on voit l'ébullition se calmer; le bain devient tranquille, et au bout de quelques instants on peut couler un métal qui, solidifié, sera à peu près exempt de soufflures.

Cet alliage complexe donne de meilleurs résultats que les réactifs contenant seulement l'un des deux corps. Cela tient sans doute à ce que la silice et le protoxyde de manganèse qui se forment peuvent se combiner pour donner un silicate fusible; ce dernier se sépare facilement du métal, tandis que la silice ou l'oxyde isolés donneraient des scories pâteuses qui resteraient emprisonnées dans le bain : l'acier, au lieu de soufflures, contiendrait alors des pailles.

Ce procédé ne réussissait guère que pour des pièces

de formes simples et de dimensions réduites, il avait
en outre l'inconvénient d'introduire dans l'acier du
silicium qui s'incorporait en partie au métal ; il était
difficile d'en laisser moins de 3/1000, dose qui est déjà
suffisante pour donner un peu d'aigreur. Il restait aussi
du manganèse, et dans ces conditions, on ne pouvait
fabriquer que des aciers d'une certaine dureté. Toutes
ces difficultés sont maintenant levées par l'emploi de
l'aluminium.

Action de l'aluminium. — Ce métal a pour l'oxygène plus d'affinités encore que le silicium, et réduit
énergiquement l'oxyde de fer ; il offre l'avantage d'être
très fusible, ce qui lui permet de bien se mélanger au
bain et d'agir sur toutes les parties. Aussi peut-on
l'employer à doses très faibles (moins d'un millième), il
s'oxyde tout entier et il n'en reste pas dans le métal.
On obtient par ce procédé un acier très fluide qui se
moule parfaitement, et cela sans y introduire de corps
étranger. Grâce à ce nouveau progrès, l'acier moulé
remplace maintenant soit le fer forgé, soit la fonte pour
beaucoup d'applications, notamment pour les pièces et
les bâtis de machines. L'aluminium s'ajoute en morceaux dans la poche de coulée où l'on verse l'acier au
sortir du four et qui sert ensuite à le distribuer aux
lingotières. Il fond immédiatement et, par suite de sa
légèreté, s'élève au travers du bain et s'y mélange intimement. Son action désoxydante calme immédiatement
le bouillonnement de l'acier.

Ce n'est pas seulement pour les moulages d'acier que l'aluminium peut être utile ; pour toutes les autres fabrications dans lesquelles le métal est soumis à un travail de forge, on trouvera certainement avantage à partir de lingots plus sains et exempts de soufflures ; cela permettra de simplifier le travail et d'avoir moins de rebut.

Pour les aciers très doux, notamment pour les tôles, l'aluminium sera précieux en évitant l'introduction d'éléments étrangers, et en permettant d'obtenir à l'état de fusion du fer presque pur.

Nous avons vu que dans tous les autres procédés de raffinage on emploie du manganèse pour réduire l'oxyde de fer, comme le manganèse a une action moins énergique et moins complète que l'aluminium, on est obligé d'en employer un excès, et une partie s'incorpore à l'acier au lieu de s'éliminer par oxydation ; les aciers les plus doux, fabriqués au moyen du ferro-manganèse, contiennent au moins 3 à 4 millièmes de manganèse et 1 à 2 milièmes de carbone. La présence de ce métal donne toujours un peu d'aigreur à l'acier, le rend sujet à s'altérer lorsqu'on le chauffe et qu'on le laisse se refroidir sans précautions. Il n'est pas certain, du reste, qu'il se répartisse également dans la masse, et s'il se concentre en certains points, l'acier y devient cassant.

C'est peut-être une des raisons pour lesquelles beaucoup de constructeurs de chaudières se méfient encore des tôles d'acier. L'aluminium doit permettre d'éviter ces inconvénients et de fabriquer des tôles qui ne le cèderont en rien pour la régularité et la douceur au fer forgé.

La fluidité que l'aluminium communique à l'acier se traduit par ce que la surface supérieure du lingot se creuse au milieu, le refroidissement ayant d'abord lieu sur les bords, le centre restant liquide plus longtemps, la concentration s'y opère d'une manière régulière et produit ce qu'on appelle un entonnoir de retassement. Lorsque l'on met de l'aluminium dans les lingotières mêmes, cet effet peut s'exagérer au point que le lingot devient creux sur une grande partie de sa hauteur.

Dans l'acier, préparé par les procédés ordinaires et contenant beaucoup de soufflures, c'est un effet inverse qui se produit, le métal pâteux ne peut se tasser régulièment et les bulles de gaz qui se forment à l'intérieur font bomber la surface.

Causes des soufflures, et explication des moyens pour les prévenir. — La théorie chimique que j'ai résumée tout à l'heure explique bien l'action spéciale du silicium et de l'aluminium, c'est du reste elle qui avait conduit à essayer le premier de ces réactifs. Elle semblait donc confirmée par les faits. Cependant les recherches du Dr Müller ont démontré qu'elle reposait sur une idée fausse. En réalité, le gaz des soufflures contient fort peu d'oxyde de carbone : c'est l'hydrogène qui y domine ; il paraît s'être dissous dans l'acier fondu et se dégager en partie pendant le refroidissement ; il préexistait du reste dans la fonte, où il a été sans doute produit par la décomposition de l'humidité de l'air dans le haut fourneau.

Ainsi l'ébullition de l'acier ne provient pas d'un gaz qui y prendrait naissance à l'instant même, mais d'un gaz qui y était déjà dissous; c'est un phénomène purement physique.

Dans ces conditions, l'influence bien constatée des divers réactifs n'est pas bien facile à expliquer. On a dit que le silicium augmentait la solubilité des gaz dans l'acier, et permettait à l'hydrogène d'y rester occlus sans se dégager. Cette propriété est réelle d'après les recherches de MM. Troost et Hautefeuille. Mais elle ne suffit pas à rendre compte de l'influence de très petites doses de silicium, dont l'action sur la solubilité doit être à peu près insensible : c'est encore pis quand il s'agit de l'aluminium, dont il ne reste pour ainsi dire pas trace dans le métal.

Un corps qui agit en s'éliminant, ne peut guère avoir qu'une influence chimique. Il est remarquable d'ailleurs que pour les trois réactifs qui préviennent la production des soufflures, à savoir manganèse, silicium et aluminium, l'efficacité relative croisse en proportion de leurs affinités chimiques pour l'oxygène, et soit en raison inverse des doses qu'on emploie. S'ils modifiaient les propriétés de l'acier par leur présence, pourrait-on comprendre que le plus efficace fût celui dont on met le moins et dont il ne reste même rien ?

Tout cela fait penser qu'il devait y avoir du vrai

dans l'ancienne théorie. J'ai proposé de concilier ces contradictions en modifiant un peu le rôle qu'on attribuait à l'oxyde de carbone. Au lieu d'être la cause directe des soufflures, il n'en serait que l'occasion, mais l'occasion nécessaire. C'est lui qui en se dégageant provoquerait le départ de l'hydrogène, qui sans cela serait resté dissous. Si on verse dans un verre du champagne ou de l'eau minérale, l'effervescence se calme bientôt et ne recommence pas tant que le liquide est en repos. Cependant il y a encore de l'acide carbonique dissous, et l'effervescence renaît si on agite le verre. De même quand on verse l'acier dans un moule, le dégagement d'hydrogène peut se calmer s'il n'y a pas de cause étrangère pour l'entretenir : mais si la production de l'oxyde de carbone entretient le bain dans un état d'agitation, l'hydrogène continue à se séparer avec effervescence. On arrêtera le phénomène en procurant au bain le repos qui lui manque, c'est-à-dire que les réactifs chimiques capables de prévenir la production de l'oxyde de carbone supprimeront sinon la cause réelle, au moins l'occasion déterminante des soufflures.

Quant à l'augmentation de fluidité, elle s'explique aisément par l'énergie avec laquelle l'aluminium réduit les oxydes et les silicates mélangées au bain. Des traces de scorie suffisent pour rendre un métal visqueux. On sait que le mercure altéré fait queue, et qu'il faut le purifier pour le rendre bien liquide : c'est un phénomène analogue qui se passe pour l'acier, un raffinage énergique comme celui qu'exercent l'aluminium est seul capable de le donner exempt de tout mélange et parfaitement liquide. Il n'est pas nécessaire de supposer comme on l'a fait que l'alliage avec l'aluminium abaisse le point de fusion du fer : M. Osmond a du reste démontré par des mesures directes que cet effet ne se produisait pas d'une manière sensible pour des alliages contenant des proportions notables d'aluminium.

Trempe des aciers moulés. — Malgré les progrès accomplis, l'acier moulé n'a jamais la même résistance que le métal forgé.

Le refroidissement lent à partir d'une haute température provoque dans l'acier, comme nous l'avons déjà vu, des agrégations cristallines qui diminuent sa résistance. On peut y remédier dans une certaine mesure par des recuits et des trempes, qui rendent le grain plus fin et plus régulier. Mais il n'est pas démontré, il est même invraisemblable que ces procédés puissent remplacer entièrement l'action du martelage: en effet, ce dernier augmente la densité du métal, tandis que la trempe la diminue. On sait d'ailleurs quelles difficultés matérielles présente la trempe à cœur de grandes pièces : la trempe à l'eau provoque des tapures, la trempe à l'huile n'agit pas assez profondément. Il n'est pas impossible que les procédés de trempe au plomb rendent à ce point de vue des services.

On fabrique maintenant en acier moulé beaucoup de

pièces de machines, des socs de charrues, des roues, etc.

Chaînes sans soudures. — Parmi les fabrications nouvelles où l'on a essayé de tirer parti de l'acier moulé, je citerai celle des chaînes sans soudures.

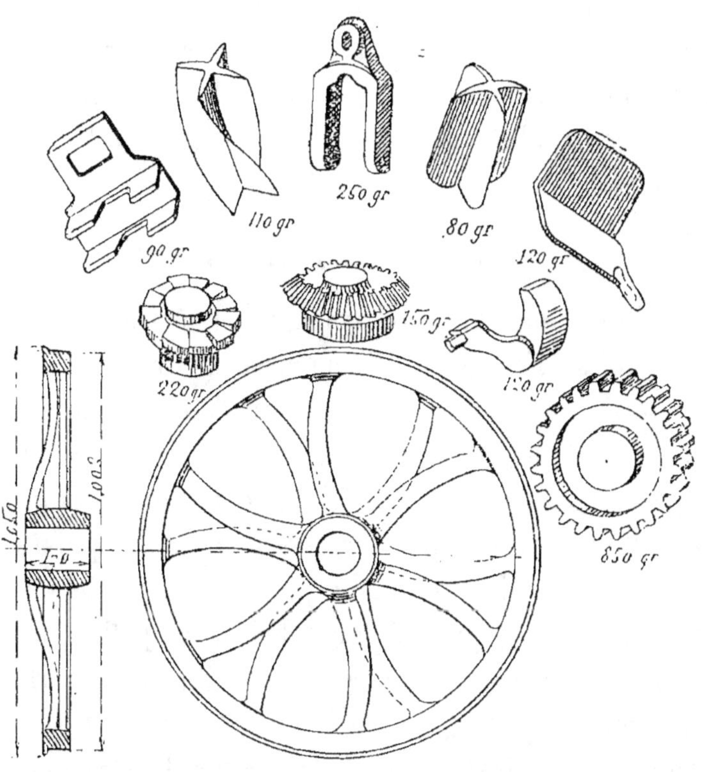

Fig. 18. — Objets en acier moulé.

Depuis longtemps, on a proposé des procédés permettant d'obtenir d'une seule pièce, au marteau, des maillons qu'on engage les uns dans les autres avant de les courber. Mais on était obligé de leur donner une forme spéciale, moins commode que la forme ronde, et on n'avait pas pu faire accepter ces chaînes d'une manière courante par les consommateurs.

MM. Imbert et Léger fabriquent des chaînes sans soudure de forme ordinaire, en coulant l'acier sur place dans des moules en fonte démontables : le moule de chaque anneau est engagé d'abord dans l'anneau précédent, puis on le remplit et on l'ouvre aussitôt que le métal est solidifié, de manière à l'enlever en plusieurs morceaux.

VI. Petits convertisseurs.

J'ai dit plus haut quels progrès le procédé Bessemer avait faits par l'agrandissement des appareils, l'augmentation de puissance de l'outillage. On peut aussi chercher d'autres avantages dans une voie directement opposée. Les usines qui fabriquent l'acier en grande quantité ont intérêt à avoir des installations puissantes et une production intensive pour diminuer le prix de revient. Mais celles où l'on fabrique de petites pièces, ne peuvent pas utiliser ces appareils géants. Il faut avoir au moins 100 tonnes d'acier à produire par jour pour justifier l'installation d'un atelier Bessemer et pour en amortir le prix.

Les petits fabricants auraient un intérêt incontestable à pouvoir faire leur acier eux-mêmes, avec des appareils maniables, de dimensions réduites, qui ne nécessiteraient pas de grands frais de construction, et qui se prêteraient à une production modérée.

Depuis longtemps on a cherché à faire de l'acier Bessemer dans de petits convertisseurs. La principale difficulté c'est que, dans les petits appareils, la surface extérieure devient plus considérable par rapport au

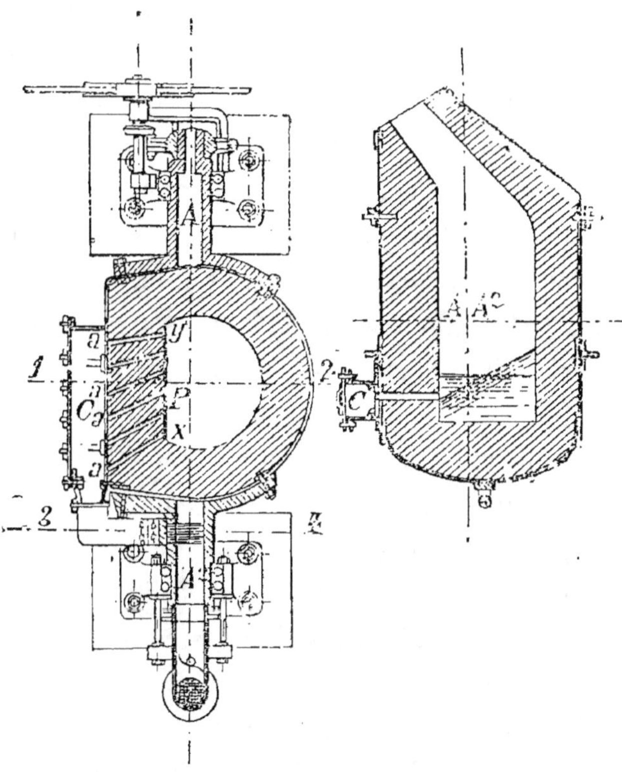

Fig. 19. — Convertisseur Robert.

volume, les causes de déperdition de chaleur prennent donc une importance relative plus grande. La température qui se développe à l'intérieur devient insuffisante, l'acier n'est pas bien liquide.

Convertisseur Robert. — M. Robert y a remédié

en plaçant les tuyères de côté ; en inclinant plus ou moins l'appareil, ces tuyères viennent se placer à une hauteur variable au-dessous de la surface du bain, on peut même les faire émerger (fig. 19). En soufflant à faible profondeur on diminue la résistance opposée au vent et on arrive à marcher, lors même que le métal est un peu visqueux. Si on prolonge le soufflage on brûle un excès de fer qui dégage assez de chaleur pour réchauffer le bain. Cet appareil, bien conduit, a donné de bons résultats : souvent la réussite est achetée au prix d'un déchet assez fort, qui peut atteindre 20 pour 100 (au lieu de 10, dans les grands convertisseurs).

Procédé Wallerant. — M. Wallerant a imaginé une solution plus simple, il emploie un petit convertisseur de forme ordinaire, dont le fond, au lieu de porter des tuyères isolées, est percé de trous multiples pour répartir régulièrement le vent sur toute la section. Il opère sur de très petites charges (250 kilogrammes) et par suite sur une faible épaisseur. A la fin, pour rendre l'acier bien liquide avant de le couler, on ajoute un peu de ferro-silicium qu'on brûle en soufflant encore quelques instants. Ce procédé revient à dépenser, pour réchauffer le bain, un combustible coûteux : son emploi peut augmenter de 15 à 20 francs le prix de la tonne d'acier.

Il est évident que les usines qui ont en vue la production en grand du métal auront toujours intérêt à employer de grands convertisseurs, mais les fabricants de petits moulages pourront préférer faire leur acier eux-mêmes. S'il leur revient plus cher qu'en l'achetant sous forme de lingots, ils économiseront les frais de refonte au creuset, qui sont considérables.

VII. Fabrication du fer forgé.

Je n'ai parlé jusqu'à présent que de l'acier. Il ne faudrait pas croire que le fer forgé soit devenu une quantité négligeable : on en fabrique encore 7 à 800.000 tonnes en France. La production absolue n'a pas baissé depuis l'invention du Bessemer; s'il a perdu le débouché des rails, ceux qu'il a conservés comme les poutrelles, les tôles, se sont élargis : cependant même sur ce domaine, l'acier gagne du terrain. Et si on considère la part relative des deux métaux dans la consommation totale, le fer, qui faisait à peu près tout il y a trente ans, ne fait plus guère que la moitié. Aussi les métallurgistes se désintéressent un peu du fer : sans cesse on prédit sa décadence prochaine; comme certain empire oriental, on pourrait l'appeler l'homme malade : comme lui il résiste, mais cela n'augmente pas la confiance dans son avenir. Il est possible que la diffusion du procédé Thomas lui porte un coup sérieux.

Puddlage mécanique. — Les anciens procédés de puddlage n'ont subi aucun perfectionnement qui vaille la peine d'être étudié ici. Pendant quelque temps, les fours à puddler mécanique ont été à la mode : chaque usine a expérimenté des systèmes différents pour faciliter ou même supprimer le travail si pénible du puddleur. Mais aucun de ces procédés ne s'est imposé, est on n'en parle plus guère. Cette question, fort intéressante quand le puddlage était le seul moyen d'utiliser les fontes phosphoreuses, paraît oubliée depuis que la déphosphoration permet de les employer à fabriquer l'acier. On pourrait dire que le convertisseur Thomas et le véritable puddleur automatique, car on y obtient des métaux doux qui méritent plutôt le nom de fer fondu que celui d'acier. Si le fer forgé doit disparaître, c'est à ces produits qu'il cédera la place.

Principaux centres de productions du fer en France. — Le grand centre de fabrication du fer est le Nord, la région de France où le charbon revient le meilleur marché. Ce département produit plus de 300.000 tonnes. On y traite des fontes de toute provenance, outre celles qu'on y fabrique avec les minerais importés des pays voisins. De grandes usines se sont établies sur le bassin houiller, près de Valenciennes : d'autres très nombreuses dans une zone étroite, vers Hautmont et Maubeuge : celles-ci sont à peu près à égale distance du charbon et des minerais ou des fontes qui leur viennent de l'Est, mais elles n'ont aucune de ces matières premières sous la main : ce n'est donc pas à des causes naturelles, mais à des circonstances commerciales qu'on peut attribuer la formation

de ce groupe, qui a dû s'accroître par une sorte de phénomène d'attraction, chaque industrie recherchant les
lieux où il existe déjà un grand mouvement de transac-
tions sur des produits similaires. Le groupe de Maubeuge produit surtout des fers de construction (poutrelles, cornières, longerons), des tôles, des tubes, etc.

Après le district du Nord, celui de l'Est est le plus
gros producteur de fer. Les usines y sont beaucoup
plus disséminées. Le département de Meurthe-et-Moselle
fabrique une certaine quantité de fer puddlé : il est
entouré d'une zone métallurgique qui lui emprunte ses
fontes pour les convertir en produits de toute sorte :
tôles, chaînes, fils. Les Ardennes avec la région de
Mézières ont surtout la spécialité des tôles minces et
du fer-blanc; on y fait des feuilles de tôle souples comme
du papier. La Haute-Marne, avec le groupe de Saint-
Dizier, fait aussi des tôles et est le centre de fabrication
de la machine; c'est ainsi qu'on nomme le fer laminé
à l'état de tiges aussi minces que le laminoir peut les
donner, et destiné à être tréfilé.

Les forges d'Audincourt dans le Doubs, sans avoir
une très forte production, sont intéressantes parce
qu'elles ont la spécialité des tôles dites au bois, très
recherchées pour les chaudières : ce sont des tôles faites
avec du fer supérieur et forgées au pilon avec des soins
tout particuliers. On y a rallumé des bas foyers pour
fabriquer au charbon de bois des fers extra-doux qui
servent aux noyaux d'induits des machines électriques.

Toute cette région de l'Est peut donner environ 200.000 tonnes de fer.

Le reste de la production est disséminé dans toute la France ; il y a partout de petites forges. Les grandes usines du Centre font surtout du fer supérieur, ou de grosses tôles ; mais cette fabrication y est tout à fait subordonnée par rapport à celle de l'acier.

CHAPITRE IV

TRAVAIL DES FORGES

I. Appareils servant au travail des métaux. — II. Installations générales des grosses forges. — III. Emploi de l'acier dans la marine et dans l'artillerie. — IV. Procédés de trempe.

Les moyens de travailler le fer et l'acier n'ont pas fait moins de progrès que les procédés de fabrication. Ce qui frappe tout d'abord, c'est l'augmentation de puissance des engins. Dans les anciens marteaux-pilons, la masse frappante ne pesait que quelques milliers de kilogrammes, un marteau de dix à quinze tonnes passait pour un outil très puissant. Aujourd'hui, on a des marteaux pesant plus de cent tonnes, des presses exerçant un effort de 4000 tonnes, des laminoirs où l'on passe des blindages de 50 centimètres d'épaisseur avec autant de facilité que s'il s'agissait de laminer une feuille de fer-blanc.

Jadis, c'eût été un tour de force que de fabriquer d'un seul morceau un essieu de wagon. Aujourd'hui on tire d'un seul bloc d'acier des canons monstres de 150 tonnes.

Ces fabrications de pièces d'un seul bloc, sans soudures, sont la note dominante qui caractérise le travail moderne. Au lieu de réunir une foule de petites barres de fer, de les souder péniblement par une série de réchauffages et de martelages, on tire la pièce d'un seul lingot d'acier fondu ; on a ainsi un métal plus homogène n'offrant pas les parties faibles qui se trouvaient toujours aux soudures.

Les procédés de fabrication de l'acier fondu permettent d'obtenir, en réunissant au besoin les coulées de plusieurs fours, des lingots aussi gros que l'on veut. Mais, pour les travailler, il a fallu non seulement accroître la puissance des outils, à mesure qu'on opérait sur de plus gros lingots, il a fallu aussi varier les moyens pour les adapter à toutes les formes.

I. **Appareils servant au travail des métaux.**

Les deux principaux procédés pour travailler les métaux sont le martelage et le laminage. Le marteau agit par choc local sur un point seulement de la pièce dont on lui présente toutes les parties. Le laminoir la prend tout entière et la force à passer entre deux rouleaux, où elle s'amincit tout en s'allongeant : ce mode de travail est plus rapide et plus économique, mais il ne s'applique qu'à certaines formes simples, tandis qu'au marteau on peut arriver à forger tout ce qu'on veut.

Développement de l'outillage. — Ces deux appareils ont reçu chacun une série de perfectionnements qui ont permis de les adapter à toutes les fabrications importantes. Non seulement on en a accru la puissance et augmenté les dimensions jusqu'à des proportions gigantesques, mais on les a rendus plus souples, plus maniables, et par des modifications ingénieuses, on est arrivé à leur faire exécuter des travaux complexes dont les types primitifs auraient été incapables.

Marteaux-pilons. — Le martelage a été pratiqué de tout temps à la main; puis on a employé des marteaux mécaniques dont les manches étaient soulevés par des roues. Enfin le marteau-pilon fut inventé à peu près simultanément en Angleterre et en France, vers 1840. Il produisit une révolution dans l'outillage en permettant de forger de grandes pièces compliquées, comme les essieux coudés des locomotives.

Dans ce système, la panne du marteau est suspendue directement à la tige d'un piston à vapeur. En admettant la vapeur au-dessous du piston, on soulève la tige; puis elle retombe par son propre poids quand on laisse échapper la vapeur. On peut régler la hauteur de chute, modérer le choc, ou même arrêter le pilon en l'air au

Fig. 20. — Marteau-pilon de 100

... de la Société de Saint-Chamond.

point qu'on veut : il suffit d'enfermer la vapeur dans le cylindre où elle forme coussin. La même masse peut à volonté aplatir une barre de fer d'un choc irrésistible, ou l'effleurer à peine. Le forgeur, en tournant un robinet, joue avec elle comme avec un marteau de bijoutier qu'il tiendrait dans la main.

Dans les anciens marteaux, la masse frappante pesait au plus quelques tonnes. Ils pouvaient suffire pour marteler des barres de fer de dimensions ordinaires, pesant seulement quelques centaines de kilogrammes. Mais lorsque les progrès de la fabrication de l'acier ont permis de couler des lingots volumineux, et de faire d'un sol bloc les plus grosses pièces, il a fallu des marteaux de plus en plus forts pour forger ces masses épaisses. On est bientôt arrivé à employer couramment des marteaux de 15 à 20 tonnes pour forger les grosses tôles, les bandages, les essieux.

Puis les questions d'armement sont venues pousser les métallurgistes bien plus loin encore dans cette voie. Il a fallu créer des marteaux géants pour faire des canons monstres et des blindages capables de leur résister. On s'est contenté pendant quelque temps de frappes pesant 40 à 50 tonnes : enfin le Creusot a construit le premier marteau de 100 tonnes. L'usine de Saint-Chamond a suivi l'exemple (fig. 20). Le type est devenu pour ainsi dire courant et a été imité par toutes les grandes usines fondées pour faire le gros matériel d'artillerie ou de marine.

Dans ces constructions gigantesques, on n'a pas modifié profondément le système primitif : les pilons ne diffèrent entre eux que par leurs dimensions ou par des détails de construction qu'il serait trop long d'étudier ici. Seulement, pour les plus grands, la manœuvre du tiroir à vapeur (qui devient trop lourd) se fait par un servo-moteur au lieu de se faire à la main.

On peut varier la manière d'agir du pilon en employant des enclumes ou des pannes de formes spéciales, qui façonnent le métal au lieu de le marteler simplement. On est arrivé ainsi à faciliter certaines fabrications et à en créer de nouvelles. Ainsi, pour forger un essieu, on emploiera une panne et une enclume creusées en forme de demi-cercle, de manière que, en se réunissant, elles embrassent exactement le diamètre de la pièce qu'on veut obtenir.

Applications diverses du martelage. — Quand on veut forger un cercle sans soudure, comme ceux avec lesquels on fait les bandages de roue pour les chemins de fer, le pilon aplatit d'abord un lingot d'acier en forme de galette. Puis on place un poinçon sous la panne, et à grands coups on perce le centre. On agrandit le trou avec des poinçons successifs. On obtient de la sorte un anneau épais et trapu qu'il faut amincir tout en augmentant son diamètre. Pour cette seconde partie du travail, on remplace l'enclume par un mandrin posé sur deux appuis, sur lequel on enfile le disque : on le martèle en le tournant sur le mandrin ; la panne peut être profilée pour ébaucher le profil du bandage. La dernière façon est donnée au lamincir.

Pour les pièces compliquées, on a développé les applications de l'étampage, procédé où le marteau moule en quelque sorte le métal rouge en le comprimant entre

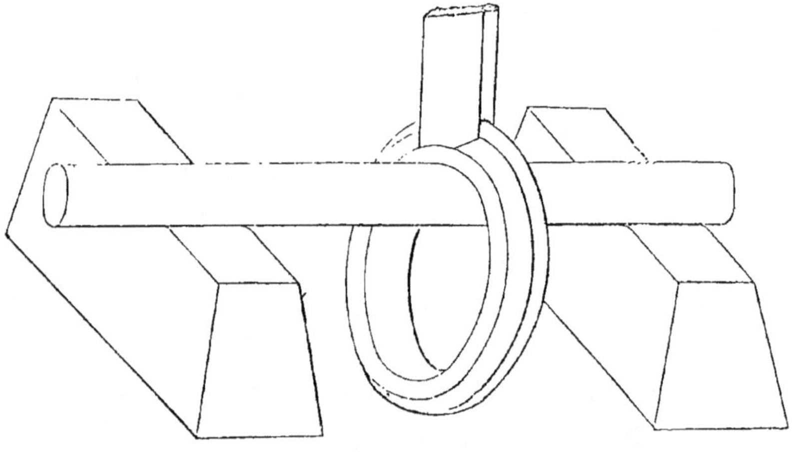

Fig. 21. — Martelage sur mandrin.

deux matrices. On l'emploie avec avantage pour toutes les pièces de forges qui doivent être répétées à un grand nombre d'exemplaires ; il sert, par exemple, à fabriquer ou à ébaucher les clefs, les fers à cheval. Mais on l'a étendu à des pièces bien plus considérables. Dans les usines Déflassieux, Arbel, on frappe une roue de locomotive comme on frapperait une médaille. On en fait d'abord une ébauche en plusieurs pièces assemblées ; on place au milieu un paquet de fer qui formera le moyeu, autour un cercle qui fera le jante, entre les deux une

série de barres pour les rails; le tout est chauffé au
blanc, puis couché dans une demi-matrice fixée sur
l'enclume; la panne porte une matrice analogue; en
quelques coups on soude les pièces et on façonne la

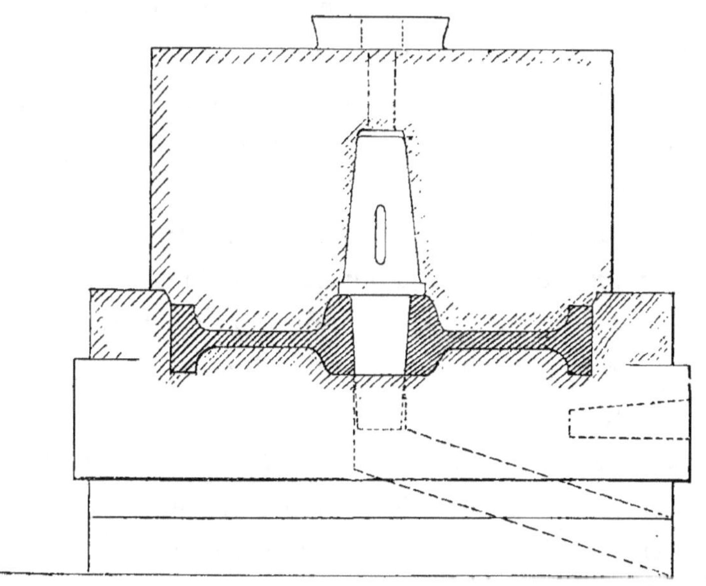

FIG. 22. — Roue frappée au pilon.

roue dont les deux matrices superposées forment le
moule exact (fig. 22).

Presses à forger. — Les grands pilons semblaient
devoir être le dernier mot de l'industrie moderne en
fait d'outillage de forge. Mais nous vivons à une époque
d'évolution rapide, on pourrait presque dire vertigi-
neuse. A peine le marteau-pilon était-il arrivé à son
apogée, qu'il s'est vu disputer l'empire. Dans beaucoup

d'ateliers on lui préfère aujourd'hui la presse, et si elle n'a pas remplacé partout le pilon, elle s'est au moins installée à côté de lui. Les usines qui avaient construit à grands frais des marteaux de 100 tonnes, ont monté aujourd'hui des presses de 4000 à 5000 tonnes qui peuvent faire les mêmes besognes plus vite et plus économiquement. C'est la transformation la plus importante que l'outillage ait subi depuis quelques années.

La France peut revendiquer la découverte du principe de la presse hydraulique qui est un des titres de gloire de Pascal. Mais son application au travail des grandes pièces d'acier s'est développée d'abord en Angleterre.

Parmi les usines françaises, celle de M. Brunon, à Rive-de-Gier a été longtemps la seule où l'on employait la presse pour forger et souder des roues de wagon en fer. Le grand constructeur anglais Whithworth a été le premier à établir des presses gigantesques pour forger les canons et même pour comprimer l'acier liquide dans les moules. Les avantages de cette dernière opération sont contestés, et on ne l'a guère imitée jusqu'à présent; en revanche, on a reconnu la supériorité du forgeage à la presse, et Whithworth, après en avoir eu longtemps le monopole, a trouvé tout d'un coup de nombreux imitateurs sur le continent. Notre industrie est restée tributaire de l'étranger à ce point de vue et les grandes presses installées dans nos forges sont encore de construction anglaise.

Le marteau-pilon est un faiseur d'embarras. Il fait du fracas et des gestes énormes, mais, malgré ses airs formidables, chacun de ses coups ne produit qu'un effet très limité. La presse vient s'appuyer doucement sur le lingot comme si elle voulait le caresser, mais elle avance sans interruption, avec une force irrésistible, et pétrit le métal comme de la cire sous son étreinte lente et silencieuse.

En somme, le travail se fait mieux et plus vite ; les frais d'installation se trouvent diminués parce que l'atelier peut produire davantage : puis, quoique l'outil soit toujours gigantesque, les fondations présentent beaucoup moins de difficultés parce qu'elles n'ont pas à résister à l'ébranlement des chocs.

La plupart des grandes usines fabriquant des canons ont actuellement des presses de 4000 à 5000 tonnes (fig. 23).

Au point de vue de la qualité, la presse semble aussi donner à l'acier une structure plus régulière et plus compacte. Elle resserre et aplatit les molécules sans les briser. Elle permet de travailler des métaux moins doux, et de forger à température plus basse, ce qui augmente la résistance de l'acier.

Il n'y a guère qu'un cas où le marteau-pilon conserve une supériorité théorique : c'est lorsqu'il s'agit de souder des paquets de fer. Il faut alors expulser les scories liquides ou pâteuses qui sont interposées entre les mises. Alors la violence du choc, qui fait jaillir ces scories de tous côtés, devient utile. La presse, en les

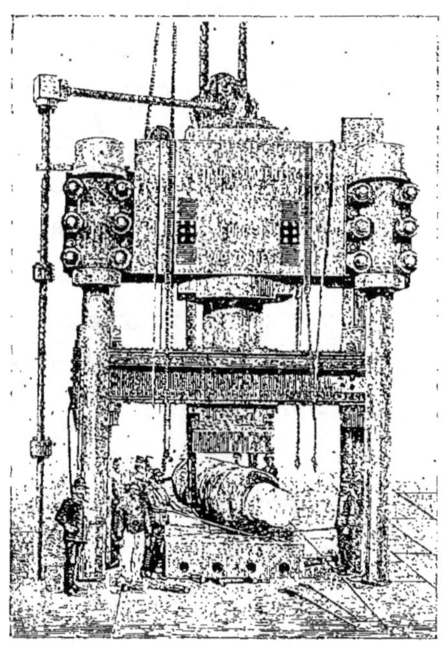

Fig. 23. — Presse de 4000 tonnes des forges de Montluçon.

aplatissant doucement, enfermerait entre chaque mise un lit d'oxyde de fer, qui empêcherait l'adhésion. Le marteau restera donc l'outil spécialement destiné à souder, mais pour le travail du métal fondu en grandes masses, la presse est appelée à le remplacer.

La presse, avec son action énergique, mais lente et progressive, produit des effets plus intenses et plus rapides que le pilon, avec ses chocs brusques et violents. Elle fait beaucoup moins de bruit, mais plus de besogne. L'action du choc est instantanée et locale ; elle n'a pas le temps de se propager dans la masse métallique à de grandes distances du point frappé ; une grande partie de la force vive est perdue et ne produit pas de déformation utile. Au contraire, une compression lente se transmet jusqu'au cœur du métal, et toute la force est utilisée. L'effort de la presse peut être continue indéfiniment, presque sans interruption, tandis que les chocs du pilon sont intermittents. Enfin la douceur d'action de la presse permet de prolonger le travail jusqu'à une température plus basse, sans être exposé à briser le métal comme ferait le pilon.

Pour tous ces motifs, le forgeage est plus rapide, et on n'est pas obligé de réchauffer la pièce aussi souvent, ce qui est toujours une cause de déchet, et de grandes dépenses.

Dans des essais comparatifs faits sur une presse de 4000 tonnes et un pilon de 50 tonnes, on a trouvé que, pour forger un canon, le nombre de chaudes à donner pouvait être réduit de moitié par l'emploi de la presse, et la durée totale du travail diminuée dans une proportion encore plus grande.

L'installation d'une presse est du reste plus simple et moins coûteuse que celle d'un marteau de puissance comparable. Les efforts lents se transmettent aux deux extrémités des colonnes, les fondations n'ont pas de choc à supporter : il n'est donc pas besoin de leur donner

une masse énorme et d'établir sous terre ces constructions cyclopéennes qui servent de base aux grands
pilons.

Emboutissage. — En dehors des travaux de grosse
forge, la presse hydraulique sert couramment pour
l'emboutissage. Ce procédé consiste à forcer une feuille
de tôle à travers un orifice au moyen d'un poinçon

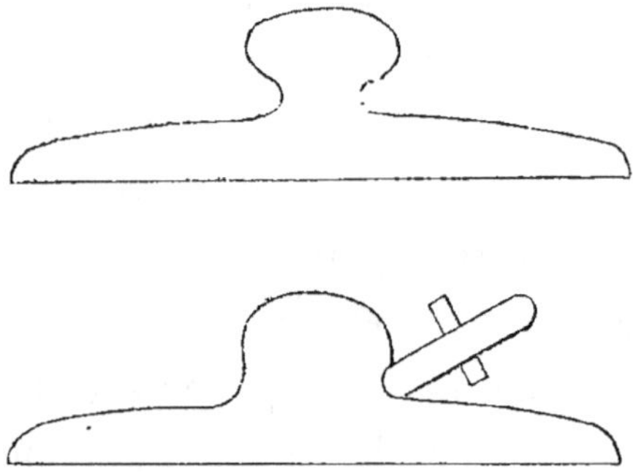

Fig. 24. — Emboutissage d'un couvercle.

qu'on y enfonce et sur lequel son élasticité l'applique.
C'est ainsi qu'on fait en tôle épaisse des boîtes à
mitraille, des obus creux, en tôle mince des boîtes, des
gamelles, des bidons. (Ces derniers se font en deux parties embouties séparément, et qu'on soude ensemble.)

On est parvenu, à l'aide d'artifices ingénieux, à
emboutir des pièces dont la forme semble s'y refuser,
car le poinçon n'en pourrait pas sortir. Tel le fond en
tôle représenté ci-contre, figure 24. On commence par
l'emboutir avec un saillie conique, puis on la remplit de
cire pour lui donner du soutien et on la fixe sur un

tour : pendant qu'elle tourne, des molettes qu'on rapproche peu à peu appuient sur la base de la saillie, de manière à la refouler en creusant une sorte de gorge.

Laminoirs. — Le laminoir a été inventé en Angleterre vers 1780.

Il a contribué puissamment au développement des forges à la houille, parce qu'il a permis de forger beaucoup plus vite qu'avec les anciens marteaux. Ceux-ci, suffisants pour desservir de petits foyers étaient débordés par la production plus rapide des fours à puddler.

Le laminoir n'a servi d'abord qu'à faire des tôles entre des rouleaux plats, puis des barres de fer entre des cylindres creusés de cannelures rondes ou carrées. Depuis, non seulement on a augmenté sa puissance, mais on a varié son agencement pour le plier à des fabrications auxquelles il semblait impropre par nature.

Il a fallu agrandir les laminoirs une première fois pour fournir aux chemins de fer des rails dont les dimensions excédaient beaucoup celles des barres usuelles.

On les a encore renforcés plus tard quand l'acier fondu a remplacé le fer soudé, qui était moins dur à travailler. Cette substitution a été un progrès très important pour les rails, car ceux qu'on faisait avec des mises de fer forgé se dessoudaient et s'en allaient par écailles après un certain temps d'usage.

Les rails ont absorbé pendant longtemps presque tout l'acier Bessemer : ils en sont aujourd'hui encore le débouché le plus important.

Laminage des rails. — Les premiers laminoirs pour rails en acier ont été semblables aux autres, avec des cylindres plus gros et des machines plus fortes. Puis on a cherché à activer cette fabrication importante. On a construit des trains trio. Dans les trains ordinaires il faut soulever la pièce par dessus le cylindre supérieur après chaque passe et la renvoyer de l'autre côté : dans les trios, il y a trois cylindres, de sorte qu'après avoir soulevé la pièce on l'engage entre les cylindres supérieurs qui l'entraînent en la laminant dans l'autre sens. Le train est muni de releveur mécanique. Ce système économise du temps et augmente la production, mais il est assez difficile à bien régler.

On lamine aujourd'hui les rails en double ou en triple longueur pour les couper ensuite. On accélère ainsi la fabrication et on diminue les déchets provenant du rognage des bouts. La barre arrive à avoir jusqu'à 36 mètres de long pendant le laminage. Pour simplifier sa manœuvre on a adopté presque partout les laminoirs réversibles : entre chaque passe on change le sens du mouvement, la barre revient sur ses pas pour repasser entre les cylindres, sans avoir besoin de changer de niveau. Il y a deux systèmes pour obtenir ce renversement. On peut avoir une machine à volant, qui tourne toujours dans le même sens, et intervertir la commande du laminoir par des engrenages mobiles : ce moyen a été appliqué surtout aux laminoirs à grosses tôles ; pour les rails on préfère aujourd'hui les laminoirs à machine réversible ; le moteur n'a pas de volant, il possède un cylindre à vapeur très large de manière à développer instantanément une grande force sans avoir besoin de vitesse acquise ; après chaque passe on arrête ce moteur et on y renverse la distribution de la vapeur.

Nos grandes usines ont des trains à rails qui peuvent fabriquer jusqu'à 300 tonnes par jour.

Train universel. — La fabrication des tôles fortes et surtout des blindages a fait un grand progrès par l'emploi du laminoir universel, dont les premières installations ont fonctionné aux usines Marel, à Rive-de-Gier, et dans les forges Petin et Gaudet. La tôle y passe d'abord entre deux cylindres horizontaux qui l'aplatissent, puis entre deux rouleaux verticaux qui en règlent la largeur ; elle sort avec des bords nets qu'on n'a pas besoin de rogner. Les quatre cylindres sont mobiles et se rapprochent avec des vis à mesure que le laminage avance ; le mouvement est réversible.

La figure 25 représente le laminoir universel de Montluçon. On peut y passer des blindages de plus de 50 centimètres d'épaisseur ; le cylindre supérieur se soulève jusqu'à $1^m,50$ au-dessus de l'autre. Des chariots avec repousseurs hydrauliques reçoivent la pièce à sa sortie et la renvoient sous le laminoir.

Le laminoir universel a conduit à un autre type très intéressant parce qu'il permet des fabrications impossibles dans les conditions ordinaires. Disposons les deux

Fig. 25. — Laminoir à blindages de l'usine Saint-Jacques à Montluçon.

paires de cylindres de manière à les faire agir simultanément au lieu de les mettre l'une après l'autre ; que les galets verticaux puissent s'engager entre les rouleaux horizontaux, il restera entre eux un vide en forme de double T, dont on pourra varier les dimensions (fig. 26). C'est ainsi qu'on lamine à Saint-Chamond de grandes poutrelles, en rapprochant successivement quatre rouleaux mobiles. On peut faire les poutrelles dans un laminoir ordinaire à cannelures fixes, mais il faut alors des cylindres de rechange pour chaque dimension : on ne peut guère dépasser 25 centimètres de largeur sans quoi la cannelure qui façonne les ailes entamerait trop profondément le cylindre : avec les rouleaux mobiles on va à 50 centimètres sans peine, et le même appareil peut donner des dimensions variables.

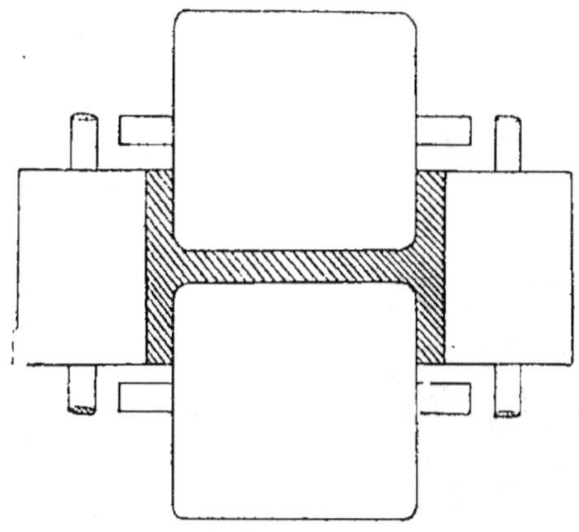

Fig. 26. — Laminage d'une poutrelle.

Avec des galets mobiles coniques ou de profils courbes, on arrive à laminer les formes les plus com-

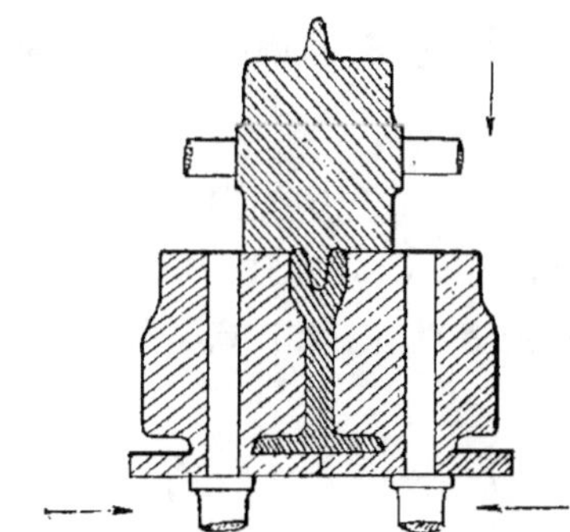

Fig. 27. — Laminage d'un rail de tramway.

plexes, comme les fers en croix, en V, les rails de tramway où le champignon est creusé par une rainure (fig. 27).

Laminage circulaire. — Il semble que par essence le laminoir ne puisse admettre que des barres droites ; on a pu cependant l'adapter à la fabrication de pièces circulaires, comme les bandages. Pour cela, il suffit que le cylindre supérieur puisse s'enlever entièrement et sortir des cages au moins par un bout : on enfile alors

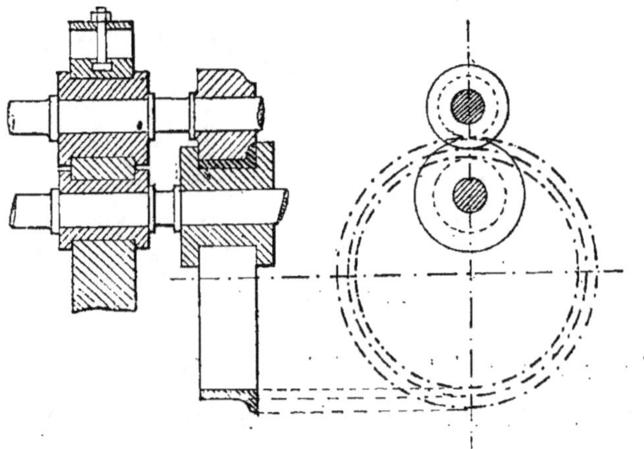

FIG. 28. — Laminage d'un bandage en porte-à-faux.

le bandage par ce bout, puis on rapproche le cylindre graduellement avec des vis : le bandage une fois saisi, tourne indéfiniment autour en s'amincissant et augmentant de diamètre.

Ce système, le premier adopté, n'est pas d'une manœuvre facile. On l'a smplifié en plaçant les rouleaux en porte-à-faux, sur le prolongement de l'axe en dehors des cages. Il suffit alors d'un petit soulèvement pour pouvoir engager le bandage par côté (fig. 28). On préfère souvent encore retourner les rouleaux de manière que leur axe soit vertical : le bandage se lamine couché : son poids ne porte plus à faux et ne tend plus à le déformer. D'ailleurs des galets guides placés à une certaine distance le maintiennent et le forcent à passer par trois points qui déterminent la grandeur du cercle (fig. 29).

Fig. 29. — Laminoir à bandages.

Le laminoir ne sert qu'à finir les bandages qu'on lui livre ébauchés par d'autres moyens.

Dans tous les systèmes à rouleaux mobiles que je viens de signaler, le cylindre inférieur est fixe : celui du haut est équilibré par un contre-poids et tend toujours à remonter; des vis de pression permettent de l'abaisser. Les cylindres latéraux sont portés par des chariots, formant écrous sur des vis avec lesquelles on règle leur écartement.

8.

Laminages spéciaux. — En combinant plusieurs rouleaux mobiles, on a pu laminer des roues à centre plein (fig. 30). Le disque qui doit les former roule entre

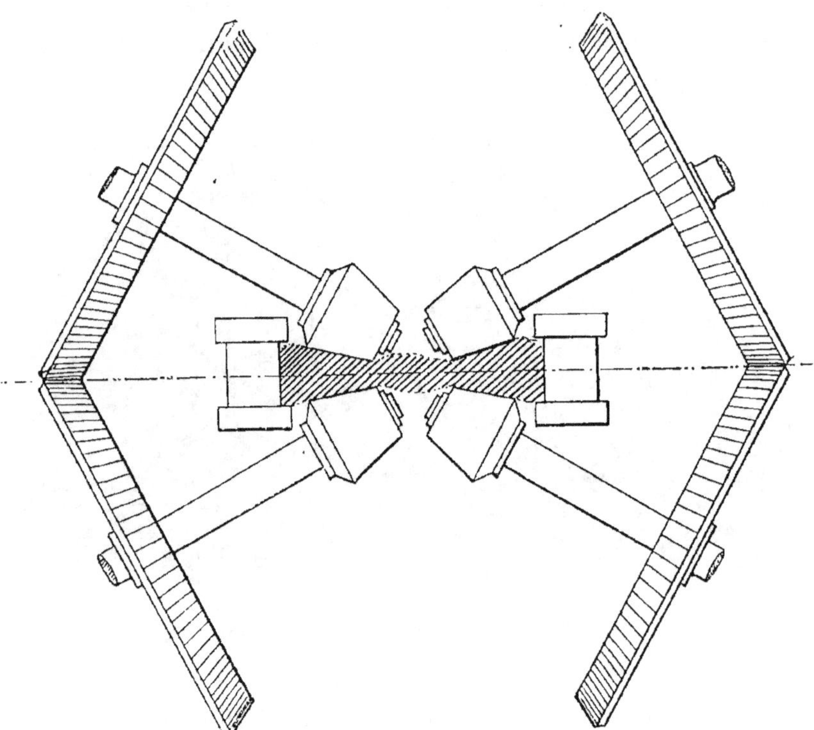

Fig. 30. — Laminoir à roues.

quatre galets coniques, montés sur des bras tournant autour d'un axe vertical comme les roues d'une meule.

En donnant aux cannelures une disposition excentrée, on peut laminer des barres à section variable. Si l'on suppose que le fond des cannelures soit tracé de manière à n'être pas toujours à égale distance de l'axe, à chaque tour du laminoir, la hauteur du vide ménagé entre les deux rouleaux variera périodiquement. La barre présentera en sortant une succession de parties renflées et amincies (fig. 31). On emploie ce système

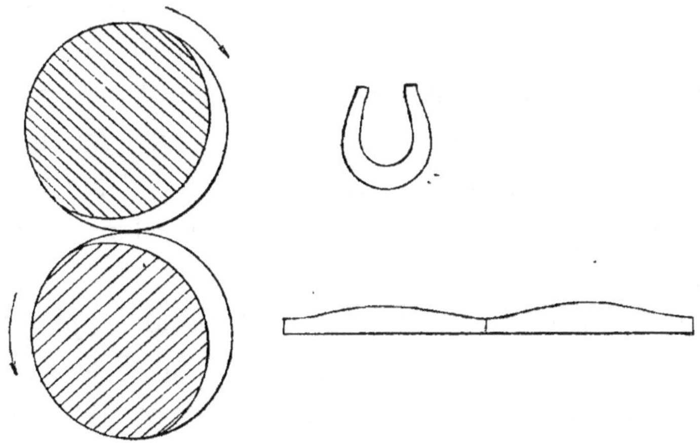

FIG. 31. — Laminoir d'une barre renflée pour fers à cheval.

pour faire des pièces à section variable dont la longueur équivaut à un tour du cylindre, par exemple des fers pour baïonnettes. On lamine de cette manière des fers à cheval droits qu'on replie ensuite et qu'on achève à l'étampe.

On est arrivé aussi à laminer des tubes, en introduisant au milieu de la cannelure une sorte d'olive fixée au bout d'une longue barre rigide. Le tube entraîné par le frottement des cylindres vient s'enfiler sur la tige et s'amincit en s'appliquant sur l'olive.

On a obtenu du laminoir des effets tout nouveaux en renversant pour ainsi dire son mode d'action.

Au lieu de faire passer la barre en travers, on la place en long entre deux ou trois cylindres, et parallèlement à leur axe. Ces rouleaux se rapprochent de manière à presser la barre qu'ils forcent à tourner sur elle-même. S'ils étaient plats, la barre ne ferait que tourner sans avancer. Mais s'ils ont des cannelures en hélice, ils agiront sur la barre comme un écrou sur une vis, ils la feront cheminer en même temps qu'ils y creuseront des filets hélicoïdaux. C'est ainsi qu'on lamine à chaud des tire-fonds ou vis à bois avec leur filet.

Ce genre de travail peut s'appeler roulage plutôt que laminage, ou encore laminage hélicoïdal. Il a conduit à une fabrication tout à fait surprenante, celle des tubes Mannesmann.

Procédé Mannesmann. — Prenons une barre de métal très chaude et par suite plastique, faisons la passer entre deux rouleaux tournant très vite et un peu obliques par rapport à l'axe de la barre et munis de cannelures pour augmenter le frottement ; la barre étant serrée contre les rouleaux, sa surface y adhère et chaque point tend à suivre le mouvement de la partie du rouleau qu'il touche. Si les rouleaux étaient parallèles à la barre, elle prendrait simplement un mouvement de rotation et tournerait sur elle-même comme une tige qu'on frotte entre les deux mains. Mais les rouleaux ne sont pas parallèles et donnent à la barre une impulsion un peu oblique ; elle tend donc à avancer en même temps qu'elle tourne, c'est-à-dire que chaque point de la surface décrit une hélice.

La surface est seule entraîné ainsi d'une manière directe. Le centre est paresseux à la suivre : d'ailleurs la barre étant plus large que l'intervalle des rouleaux rencontre une résistance pour passer tout entière.

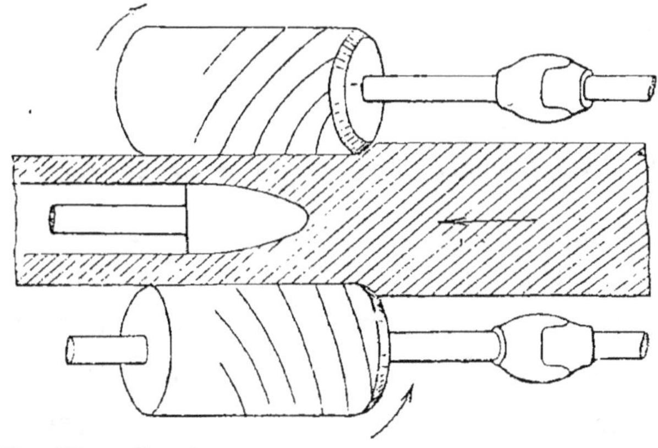

Fig. 32. — Laminage d'un tube, procédé Mannesmann.

Aussi peu à peu la surface se décolle du centre, qui reste en arrière; ainsi la barre se creuse et se transforme toute seule en tube (fig. 32).

On peut comparer ce phénomène à celui d'un tourbillon liquide. Si vous faites tourner rapidement un verre, l'eau s'élève en tourbillonnant le long des parois, le centre retenu par la pesanteur se creuse. Le métal plastique se comporte de même sous le mouvement de tourbillon où sa surface est entraînée par les rouleaux.

Par ce procédé on peut produire un véritable paradoxe mécanique, c'est de tirer d'une barre pleine, par un simple passage au laminoir un tube fermé aux deux bouts. Supposons que le bout de la barre soit mince, il passera entre les rouleaux sans les toucher et ne se creusera pas. Le tube sera fermé à une extrémité. Si on fait passer une barre amincie aux deux bouts, ils resteront intacts, le milieu seul deviendra creux tout en s'allongeant.

II. **Installations générales des grosses forges**.

Il ne suffit pas d'avoir des outils assez puissants pour forger des pièces colossales, il faut encore pouvoir manier des masses, les porter des fours aux marteaux, les déplacer, les tourner sur l'enclume, etc. A bras d'hommes, ces manœuvres seraient impossibles ou trop lentes. Aussi le marteau, la presse, le laminoir, ne sont dans un atelier que le centre d'une armée d'engins accessoires. Ces serviteurs obéissants et robustes jonglent pour ainsi dire avec les blocs de fer incandescent.

L'usine est machinée comme un théâtre de féerie : on voit une porte gigantesque s'ouvrir et démasquer un foyer aussi vaste qu'une maison incendiée : une griffe qui se balance au bout d'une chaîne, comme une araignée monstrueuse suspendue à son fil, arrive et saisit dans le brasier une masse éblouissante qui s'avance tranquillement dans les airs pour aller se poser sur l'enclume ; là elle se tourne, s'avance, se retire, pour s'offrir successivement aux coups du marteau, puis elle revient s'engouffrer dans le four.

Certes, si un forgeron de la première moitié de notre siècle revenait aujourd'hui visiter un atelier de blindage, il ne trouverait pas exagéré le mot de féerie que

Fig. 33. — Atelier de Whithworth.

j'ai employé plus haut pour désigner ces étonnantes manœuvres où on voit quelques ouvriers manier sans peine et sans bruit, comme en se jouant, des masses incandescentes que des centaines d'hommes, réduits à la force de leurs bras, ne pourraient soulever.

On se fera une idée de la perfection qu'a atteint l'outillage si l'on remarque sur la figure combien peu d'hommes sont employés à forger une pièce qui peut peser 50 ou même 100 tonnes (fig. 33). Quand on était encore novice dans ce genre de travail, il fallait y convoquer des légions de manœuvres. Aujourd'hui une machinerie puissante et ingénieuse a remplacé les bras, et, conduite par quelques hommes, elle exécute tout ce qu'on veut au commandement. Pour peu qu'on fasse encore quelques progrès dans ce sens, les ateliers deviendront tout à fait déserts, et un contre-maître fera tout le travail de son bureau.

Avec la foule, le vacarme habituel aux anciennes forges a disparu aussi ; car la presse, au lieu de frapper le métal à grand fracas, l'écrase doucement en silence.

Ce n'est pas tout d'avoir des outils assez puissants pour forger les plus gros lingots, des fours assez vastes pour les réchauffer, il faut encore pouvoir manier ces pièces monstrueuses, les transporter à travers l'atelier, les présenter aux marteaux ou aux laminoirs, les retourner pour les marteler dans tous les sens. Ces manœuvres de force constituent aujourd'hui une des principales difficultés des grandes fabrications et la manière plus ou moins heureuse dont elles sont organisées a une influence capitale sur la réussite économique.

Dans les anciennes forges, toutes les manœuvres pouvaient se faire à la main. Des pinces pour saisir les pièces, de petits chariots pour les transporter, constituaient tout l'outillage. Aujourd'hui, cent bras ne suffiraient plus à la tâche : des grues robustes, des ponts roulants, viennent en n'importe quel point saisir les masses de fer rouge, les enlever, on dirait presque les escamoter, tant ces manœuvres colossales sont devenues rapides et silencieuses.

Pont roulant. — Le pont roulant est l'auxiliaire le plus puissant, le principal acteur de cette féerie (fig. 34).

C'est une énorme passerelle jetée au-dessus de l'atelier, ses deux extrémités reposent par des galets sur deux chemins de fer placés dans les combles, le long des murs ; elle peut rouler sur ces voies et s'arrêter au-dessus de telle partie de l'atelier qu'on veut. Elle porte un treuil, qui peut rouler lui-même sur la passerelle et en parcourir toute la longueur, c'est-à-dire toute la largeur de l'atelier. Par la combinaison de ces deux mouvements en deux sens perpendiculaires, celui de toute la passerelle et celui du treuil, on peut amener ce dernier au-dessus de tel point que l'on veut : il y descend des palans capables d'enlever tous les fardeaux. Tous ces mouvements sont commandés par une locomobile fixée sur la passerelle, et le mécanicien, dominant tout l'atelier, peut exécuter au premier signal n'importe quelle manœuvre.

L'action du pont roulant n'est pas limitée à un cercle déterminé, comme celle de la grue qui tourne autour d'un centre fixe : aucun point ne lui est inaccessible. La suspension ne s'y fait pas en porte-à-faux et les efforts y sont toujours également répartis. Il n'est pas

Fig. 34. — Usine de Saint-Cha...

e montage avec pont roulant.

encombrant, car tout le mécanisme se trouve reporté en l'air.

Malgré sa force et son poids, il est si souple, si maniable, qu'on s'en sert parfois pour enlever des fardeaux insignifiants. J'ai vu transporter de cette manière des tôles que deux ouvriers auraient pu soulever. L'ingénieur le comparait à un éléphant chargé d'écraser une mouche : mais l'éléphant était si docile qu'on trouvait plus simple de le mettre en mouvement que d'appeler un homme de plus pour faire la même besogne.

Les ponts roulants avaient été jusqu'à ces derniers temps mus à la vapeur. Aujourd'hui, on préfère l'électricité qui simplifie les installations et est plus maniable. Dans les aciéries du Creusot, on vient d'installer un pont roulant qui a $22^m,50$ de portée et peut soulever 150 tonnes. Il porte deux dynamos qui reçoivent le courant de deux câbles tendus le long de la halle par l'intermédiaire de frotteurs en charbon qui peuvent glisser sur le câble quand le pont se déplace. Les dynamos font marcher un arbre sur lequel on prend tous les mouvements nécessaires au moyen d'embrayages. Le mécanicien se tient dans une cabine suspendue au-dessous du pont, à l'une des extrémités, d'où il peut voir facilement les pièces que l'on soulève.

Fours à réchauffer. — Le réchauffage des gros lingots exige des fours très volumineux. On les chauffe en général par le procédé Siemens qui seul peut développer une température élevée et uniforme dans de si grandes enceintes (fig. 35).

Pour entrer les pièces dans les fours et les en sortir, on peut procéder de deux manières. Si le four est cons-

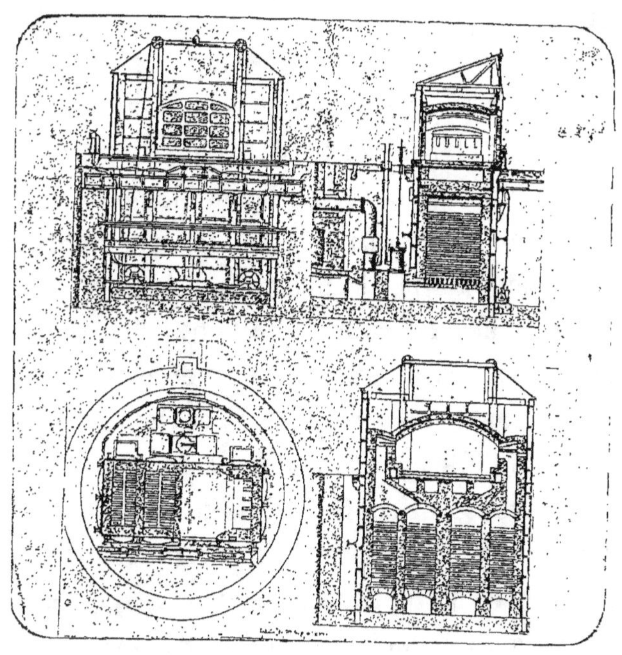

Fig. 35. — Four à réchauffer du pilon de 100 tonnes du Creusot.

truit à la mode ordinaire, avec les portes ouvrant de côté, les griffes et les chaînes de suspension ne peuvent y entrer, il faut donc que la pièce soit soutenue en porte-à-faux. La griffe vient la saisir de côté par la queue, et celle-ci doit être équilibrée au moyen d'un contre-poids. La charge à soulever est alors double.

Pour éviter cet inconvénient on a bâti des fours dont la

9*

voûte est mobile et s'ouvre en son milieu. La griffe peut alors y pénétrer par dessus et déposer la pièce qu'elle soutient directement par le centre. La manœuvre est plus facile, mais le matériel plus exposé à se détériorer. Le système est peut-être préférable pour les blindages, où l'emploi d'une queue de manœuvre n'est pas indispensable, tandis que le premier convient surtout aux canons qui se placent en travers dans le four, et qu'on ne chauffe que sur une partie de leur longueur à la fois.

Suspension et retournement des gros lingots. — Pour suspendre les pièces aux palans mobiles, on se sert d'énormes griffes articulées que leur propre poids tend à maintenir serrées : lorsqu'on les descend et qu'on les pose sur le sol, leurs branches s'écartent et s'ouvrent spontanément ; elles peuvent donc embrasser sans peine l'objet qu'on veut leur confier. Mais dès qu'on les soulève, la charge exerce une traction qui fait jouer les articulations de manière à rapprocher les griffes ; ainsi le serrage se fait automatiquement et augmente avec l'effort à exercer.

Pour tourner le bloc, le guider dans son mouvement, on y soude une queue : c'est une poutre en fer, formant une sorte de manche colossal, auquel on attelle des troupes d'hommes. Il ne sert qu'à orienter la pièce qu'on veut présenter au marteau, tout le poids étant supporté par les griffes et les palans.

Le mouvement de rotation, pour présenter le lingot sous toutes ses faces, s'obtient en le posant sur une chaîne sans fin qui l'embrasse, la poulie qui porte cette chaîne permet de la tirer dans un sens ou dans l'autre (fig. 20 et 23).

III. Emploi de l'acier dans la marine et l'artillerie.

Nous avons prononcé à chaque instant dans ce chapitre les mots de canons, d'obus, de blindage. En effet, l'histoire de notre outillage métallurgique tiendrait presque tout entière dans celle de nos armements. La lutte entre le canon et la cuirasse, entre le projectile et le blindage, les efforts toujours renouvelés pour rendre le premier irrésistible ou le second inébranlable, voilà ce qui a absorbé le meilleur des efforts de notre industrie.

Fabrication des canons en acier fondu. — Les canons se faisaient autrefois en fonte ou en bronze. Krupp, le premier, a réussi les canons en acier au creuset : pour les couler, il fallait réunir la charge d'un très grand nombre de creusets qui devaient tous être prêts à la fois et se déverser à un signal donné dans des rigoles conduisant au moule. Cette fabrication remarquable a fourni à la Prusse une artillerie contre laquelle il était impossible de lutter avec les canons de bronze, car un métal plus tenace permet avec des pièces plus légères, de plus fortes charges de poudre, une vitesse de projection et une portée plus grandes.

Nous avons malheureusement suivi trop tard cet

exemple. Mais aussitôt que l'on a demandé aux usines françaises des canons d'acier, elles ont répondu à l'appel, et avant la fin de la guerre elles avaient déjà livré, malgré toute la difficulté des temps, un certain nombre de bouches à feu capables de riposter aux pièces allemandes.

Aujourd'hui les canons se font en général au four Martin. On a des fours pouvant fondre jusqu'à 35 tonnes, et il faut en réunir plusieurs autour d'une fosse pour couler les lingots destinés à faire des canons monstres. Le lingot subit une série de réchauffages et de forgeages sous les grands pilons, de manière à réduire beaucoup son diamètre. On l'équarrit d'abord grossièrement, on l'allonge, on en coupe les deux bouts pour ne garder que la partie où l'acier est le plus sain, enfin on l'arrondit en le retournant sous le pilon qui le frappe avec une panne en forme de V renversé.

Quand il est forgé à la longueur et au diamètre voulus, on fore l'intérieur avec des fraises portées au bout de longues tiges. Puis on le trempe à l'huile. Le tube ainsi obtenu est fretté avec des anneaux d'acier, forgés aussi au pilon, dont l'un porte les tourillons.

Obus en acier chromé. — Pendant qu'on accroissait la force des canons, on cherchait à augmenter la dureté des projectiles. On a d'abord employé des obus en fonte dure trempée, mais ils étaient trop fragiles ; on en a fabriqué en acier forgé ; leur dureté était insuffisante, la pointe ne se brisait plus, mais s'émoussait : enfin on a obtenu le maximum de force de perforation avec les aciers au chrome. Ces obus sont forgés et arrondis au pilon, comme un arbre de machine ; on en forge la pointe dans une étampe. Puis on les trempe à l'eau, opération délicate dont nous reparlerons plus loin.

Blindages. — Pour résister au choc des projectiles, on a d'abord augmenté l'épaisseur des blindages en fer, qui se faisaient au laminoir avec des paquets de barres de fer supérieur superposées et qu'on soude. On est allé à 20 centimètres, puis à 30, à 50 ; mais le métal était trop mou ; pour s'opposer à la pénétration des obus en acier il fallait un métal aussi dur qu'eux. On a donc cherché à faire des blindages en acier fondu. Mais on se trouve en présence de deux conditions presque contradictoires : il faut un métal dur pour arrêter le projectile, il faudrait un métal doux pour ne pas éclater et se fendre sous le choc. L'idéal serait peut-être d'avoir une surface très dure destinée à arrêter la pointe de l'obus, avec un corps assez doux pour ne pas se fendre.

Dans la plaque Cammell, on réalise ces conditions par l'emploi de deux métaux. On commence par fabriquer un blindage en fer : il est chauffé au blanc et descendu dans un cadre formant moule, qui laisse sur une de ses faces un vide où on coule de l'acier fondu. Celui-ci se soude au fer en se refroidissant. L'ensemble est repassé au laminage, puis trempé à l'huile.

Ces plaques mixtes donnent parfois de bons résultats ; il semble cependant qu'elles soient destinées à céder le

pas aux plaques en acier massif. C'est au Creusot qu'on
a réussi pour la première fois les blindages d'acier : on
y emploie, sous le nom de *métal Schneider*, un acier
demi-dur forgé au pilon et trempé par un procédé particulier dont je dirai quelques mots plus loin.

Fig. 36. — État de trois plaques après le tir d'épreuves.

La figure 36 représente l'état de trois plaques après
le tir d'épreuve : la première (plaque Cammell) a été
entièrement brisée ; la troisième (plaque du Creusot en
acier trempé) a résisté, mais porte cependant de grandes
fissures ; enfin une plaque d'acier au nickel, placée au
centre, a arrêté les projectiles sans se fendre.

C'est aussi au Creusot qu'on a fait les premiers blindages au nickel. L'acier à 3 pour 100 de nickel a une ténacité remarquable sans être cassant : il possède une structure fibreuse très serrée, qui rappelle celle des fers supérieurs. On obtient encore une dureté plus grande en ajoutant avec le nickel un peu de chrome.

On essaye aussi depuis peu des procédés de cémentation pour carburer et durcir seulement la surface.

La trempe au plomb fondu, dont je parlerai plus loin, a été étudiée surtout en vue des blindages, et est pratiquée à Montluçon.

Trouvant dans les arts de la guerre leurs principaux débouchés, nos grandes forges sont devenues de véritables arsenaux. A Saint-Jacques, à Saint-Chamond, au Creusot, on a annexé aux usines de grands polygones d'artillerie pour les essais de tir. On ne s'y contente plus de fabriquer de l'acier et de le forger suivant des modèles commandés, chacun s'ingénie à inventer de nouveaux types de canons, de tourelles mobiles, d'abris blindés, d'engins de guerre de toutes sortes : le forgeron s'est fait constructeur, artilleur, marin.

Tourelles blindées. — Parmi ces engins, l'un des plus curieux est la coupole cuirassée. Comme une tortue en acier, elle montre à peine, au-dessus du sol, le sommet de sa carapace, sous laquelle se cache un organisme puissant et complexe. Des machines hydrauliques permettent de charger un canon immense, de le soulever, de tourner l'embrasure dans tous les sens, de la fermer ou de l'ouvrir, etc. Le coup tiré, la pièce se cache, se terre pour aller se recharger à l'abri. Chacune de nos grandes usines a ses systèmes de coupole qu'elle perfectionne.

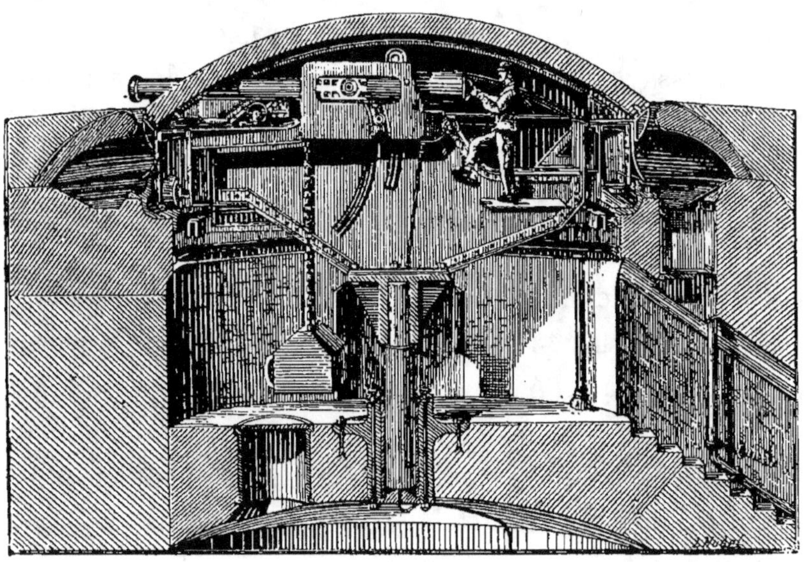

FIG. 37. — Tourelle oscillante, système Mongin.

La tourelle du constructeur Mongin (fig. 37) exécute les mouvements d'un tireur qui s'accroupit derrière un parapet, puis se relève pour envoyer sa balle. La coupole oscille à volonté autour de son centre, de manière que le canon et l'embrasure peuvent plonger et se masquer sous le blindage fixe qui l'entoure. Ce mouvement est obtenu par le jeu d'un poids : quand on le laisse poser sur le plancher, la coupole penche à gauche et l'embra—

sure s'enterre; quand on relève le poids au moyen d'une chaîne passant sur un treuil, l'équilibre est modifié, c'est le côté droit qui l'emporte et l'embrasure se relève.

IV. **Procédés de trempe.**

La trempe ne servait autrefois qu'à obtenir des aciers durs comme les aciers à outils : elle ne s'appliquait qu'à de petits objets. Aujourd'hui, elle est devenue un procédé général pour améliorer le métal; on sait en modérer l'action pour obtenir les effets les plus variés, et on l'applique aux pièces les plus volumineuses.

Trempes douces. — La trempe à l'eau est encore employée pour certaines pièces de dimensions modérées et de métal doux, comme les bandages, les blindages en fer.

Avec l'acier ordinaire, cette trempe donnerait trop de dureté : sur les grandes pièces elle ne serait pas praticable ; la surface se refroidissant trop brusquement par rapport au centre, la contraction déterminerait des fentes, la pièce *taperait*. La trempe à l'huile, plus douce, est celle qu'on emploie en général pour les canons et les blindages : l'acier rouge, plongé dans l'huile, se refroidit assez vite pour ne pas cristalliser et prendre un grain fin : mais comme il n'est ramené qu'à une température de 300 ou 400 degrés (point d'ébullition de l'huile), il ne devient pas aigre ; la contraction est moins forte, et on arrive à éviter les tapures.

Trempe des grosses pièces. — Ces opérations sont

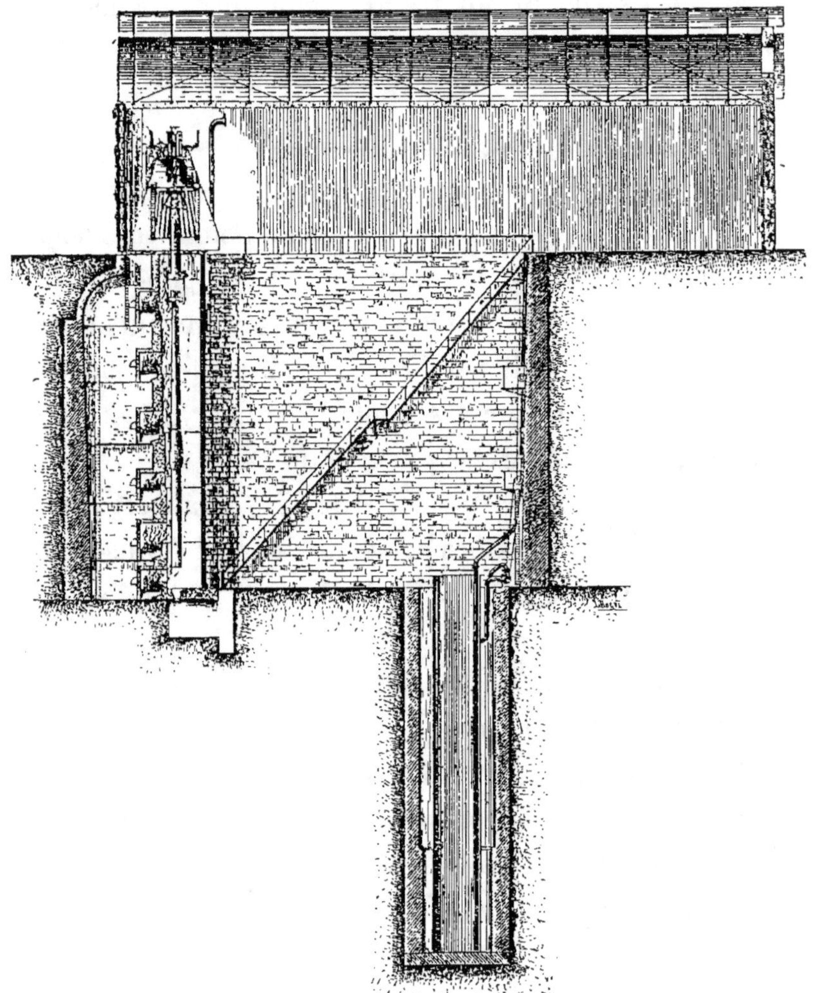

Fig. 38. — Atelier de trempe des canons. Usine de Saint-Chamond.

toujours délicates : les canons, par exemple, doivent
être trempés verticalement pour ne pas se voiler (se

courber par les contractions inégales); il faut qu'ils soient chauffés bien également sur toute leur longueur et sur leurs deux faces. La figure 38 représente l'installation d'une fosse de coulée à Saint-Chamond. Le canon est chauffé dans un four spécial, sorte de tour où les flammes pénètrent par des orifices nombreux distribués sur toute la hauteur : il est suspendu à une attache qui permet de le faire tourner autour de son axe pendant le chauffage et d'égaliser ainsi la température. Puis une grue l'enlève pour le plonger dans la fosse à l'huile.

Pour les blindages, le problème se présentait tout autrement. Il ne s'agissait pas d'obtenir une trempe uniforme, mais au contraire d'en concentrer l'effet sur une des faces. S'il faut durcir le plus possible le côté qui recevra l'obus, et qui doit l'empêcher de pénétrer, la masse du métal doit rester relativement douce, afin d'absorber le travail du choc sans éclater et se fendre. On y arrive en pompant sans cesse l'huile froide pour la projeter contre la face d'avant ; le refroidissement y est alors rapide, tandis que l'arrière, entouré d'une couche d'huile immobile, reste plus longtemps chaud. Cette trempe est très difficile à bien conduire sans faire taper le blindage, et le Creusot, où ce procédé a été inventé, a eu pendant longtemps presque le monopole de la fabrication des blindages en acier massif. On a appelé cet acier métal Schneider : c'est surtout à la manière dont il est trempé qu'il doit ses qualités.

Bains métalliques. — On emploie aujourd'hui avec

succès, pour la trempe des blindages, un **autre procédé** qui a été étudié à Montluçon sous la direction de M. Evrard. C'est la trempe au plomb. En plongeant l'acier dans un bain de plomb fondu on le ramène rapidement à une température qui est au moins de 350 à 400 degrés. Par suite de la grande conductibilité du bain métallique, le refroidissement se propage jusqu'au centre d'une manière régulière, et l'effet de la trempe se fait sentir à cœur sans provoquer de tapures. La trempe peut être rendue aussi douce que l'on veut en surchauffant le bain de plomb. Une des plus grandes maisons anglaises vient d'acquérir le droit d'exploiter ce procédé.

Trempe des obus. — Dans certains cas, on pratique des trempes locales à l'eau. La trempe des obus de pénétration, par exemple, a été aussi un problème très difficile à résoudre. Il faut qu'elle soit énergique pour durcir le plus possible la pointe ; l'huile ne suffirait pas. Mais si l'on plonge dans l'eau toute la pièce, la pointe plus fine se contractera trop vite et se brisera. Pour l'éviter, on arrose d'abord la pointe de l'obus placé debout, en interrompant l'injection de l'eau de temps en temps : la chaleur du reste de la pièce repasse alors dans la pointe qui rougit de nouveau (c'est ce qu'on appelle faire revenir). Lorsque, par une série d'arrosages, on a suffisamment abaissé la température générale, on plonge l'obus entier dans l'eau. Le chauffage de la pièce avant la trempe doit être réglé avec beaucoup de soin d'après la dureté de l'acier ; il faut la porter à peu près au rouge-cerise vif, mais si l'on dépassait le point, on aurait de nombreuses ruptures spontanées. Les difficultés de cette opération sont telles que plusieurs usines étrangères n'ont pu en venir à bout et ont été obligées d'acheter les procédés des usines de la Loire.

Trempe intérieure. — M. Harmet a proposé de tremper les frettes et les canons par immersion d'eau dans l'intérieur du tube. Les zones extérieures, se refroidissant les dernières, se trouvent ainsi, par le jeu naturel de la contraction, serrer la partie interne, et l'ensemble est dans des conditions de résistance meilleures qu'avec la trempe ordinaire.

Trempe des fils. — Parmi les fabrications où la trempe joue un rôle important, je citerai celle des fils d'acier à grande résistance et des cordes de piano, dont Sheffield a longtemps eu le monopole et que M. Evrard a introduite en France. Après un étirage très prolongé à la filière, le fil passe sur des bobines qui lui font traverser d'abord un bain de plomb fondu porté au rouge où il s'échauffe à une température parfaitement déterminée, puis un tube où il est arrosé avec de l'eau ou de l'huile, suivant le degré de trempe qu'on veut avoir ; il peut passer encore dans un autre tube chauffé où il se recuit. On obtient ainsi des fils résistant à plus de 100 kilogrammes par millimètre carré. Ils rendent de grands services pour la fabrication des câbles. On a proposé d'utiliser leur force exceptionnelle pour fretter les canons, en entourant un tube relativement mince d'un épais faisceau de fils d'acier.

Trempe par compression. — Citons enfin un procédé très original, c'est la trempe à sec, obtenue par la compression. D'après les essais de M. Clémandot, si on comprime l'acier chauffé au rouge cerise, à une pression de 2 à 3000 atmosphères, et qu'on le laisse se refroidir sous pression, entre les plateaux d'une presse hydraulique, on obtient des effets analogues à ceux de la trempe. La charge de rupture augmente de 20 pour 100 pour les aciers doux, de 80 pour 100 pour les aciers très durs, en même temps que la limite d'élasticité se relève de 40 pour 100 dans le premier cas, de 100 pour 100 dans le second. La compression ne diminue pas la ductibilité comme le fait la trempe, l'allongement change fort peu.

Ce procédé pourra rendre des services, surtout pour les aciers très durs dont la trempe est difficile. Ces aciers sont ceux qui conviennent le mieux pour faire des aimants, parce que leur force coërcitive est très grande. Mais on ne peut pas toujours leur appliquer la trempe à l'eau qui augmente beaucoup la force coërcitive ; on est obligé de les tremper seulement à l'huile. Les aciers à 3 ou 4 pour 100 de tungstène, qui ont à ce point de vue une puissance remarquable, se fissurent à la trempe. La compression, au point de vue des propriétés magnétiques remplacerait la trempe sans en avoir les inconvénients.

Ces exemples montrent quel parti on tire aujourd'hui de la trempe, combien on a su en varier les moyens et les effets. Au lieu de quelques recettes empiriques, on possède maintenant toute une échelle de procédés méthodiques et raisonnés, qu'on sait approprier à chaque cas nouveau. Dans ces études qui ont un caractère scientifique autant que pratique, l'industrie française peut se glorifier d'avoir toujours marché à la tête du progrès.

Si l'art funeste de la guerre tient aujourd'hui une trop grande place dans les travaux de nos usines, comme dans les préoccupations des peuples d'Europe, il ne faut pas oublier cependant les services que la métallurgie rend d'autre part à l'humanité et à la civilisation : le fer, auquel les hommes demandent trop souvent les moyens de s'entre-détruire, a été aussi l'auxiliaire le plus puissant de tous leurs progrès pacifiques : c'est lui qui leur permet de se rapprocher à travers les obstacles que la nature a mis entre eux, c'est lui qui, en diminuant les distances, en supprimant les barrières naturelles, finira peut-être par effacer les divisions morales, et rendre inutiles tous les engins de combat qu'il a servi à fabriquer.

Le rôle de plus en plus grand que ce métal prend dans la construction est un des faits les plus intéressants de notre évolution industrielle.

CHAPITRE V

CONSTRUCTIONS MÉTALLIQUES

Phases successives de la construction métallique. — Ponts métalliques. — Ponts à grande portée. — Édifices métalliques. — Rivetage et perçage mécaniques.

Phases successives de la construction métallique. — C'est d'abord la fonte qui a servi aux quelques essais tentés dans la première partie de notre siècle : elle se prêtait seule à fabriquer par moulage de grosses pièces. Mais sa résistance relativement faible ne permettait que de remplacer la pierre sans dépasser beaucoup les limites imposées aux anciennes constructions. Il y a à peine cinquante ans que les forges mieux outillées ont pu travailler le fer sous des dimensions assez grandes pour remplacer les charpentes en bois. A partir de ce moment, les progrès de l'architecture métallique ont marché à pas de géant. Aujourd'hui, l'acier doux fondu (sur--

tout le métal Thomas) tend à remplacer à son tour le fer forgé. On lui donne du reste les mêmes formes, et son avènement ne produira pas une révolution dans cet art : mais sa résistance permettra d'amplifier encore les constructions en les allégeant.

En fer ou en acier, les pièces de construction sont toujours laminées. Pour les ouvrages courants, on emploie des fers spéciaux ou poutrelles de formes variées. Quand on aborde des dimensions exceptionnelles, la tôle devient le matériel le plus souple et le plus commode : son emploi de plus en plus général caractérise la dernière évolution de l'architecture métallique. On utilise encore la fonte à l'état de colonnes creuses pour les supports des édifices ordinaires ; mais, dans les grandes constructions, on les remplace par des tubes en tôle rivée.

Pour qu'une pièce ne puisse pas plier sous un effort transversal, il faut lui donner une certaine largeur afin d'obtenir la raideur sans augmenter le poids, on reporte la matière vers les extrémités de la section. C'est la raison des formes en double T, ou des sections tubulaires qu'on adopte le plus souvent. Pour les constructions ordinaires, comme les planchers, la poutrelle en double T laminée d'une seule pièce suffit en général. Mais il est difficile de les laminer à plus de 25 centimètres de hauteur; on arrive avec des installations puissantes à 50 centimètres : au delà, on a recours aux poutres composées. Les deux ailes du T sont séparées par une tôle

droite qui forme l'âme, le tout assemblé par des cornières ; on fait par des moyens analogues des poutres
tubulaires composées (fig. 39).

Comme l'âme ne sert qu'à rendre solidaires les deux
ailes, la tôle qui la forme n'a pas besoin d'être pleine,
elle peut être ajourée, ce qui diminue le poids, ou plutôt

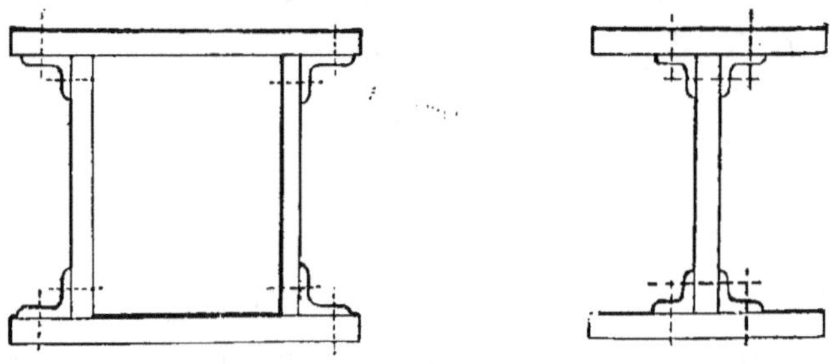

FIG. 39. — Poutres composées.

on peut la remplacer par une sorte de grille, un réseau
de barres entre-croisées. C'est ce qu'on fait pour les
grandes dimensions, on a alors une poutre en treillis.
On emploie aussi des tubes ronds, faits avec des tôles
courbées et rivées.

On arrive ainsi à constituer les pièces les plus fortes
avec des éléments toujours assez simples, tôles plates,
cornières et fers à T ordinaires sont les trois organes
avec lesquels on peut arriver à tout construire.

Ponts métalliques. — Les ponts sont le domaine
où triomphe la construction métallique. Les progrès
ont été provoqués surtout par la nécessité de livrer
passage aux chemins de fer. Sans elle, il eût été impos-

sible de franchir de larges vallées à de grandes hauteurs : même dans les cas où le pont en pierre serait possible, il faudrait souvent trop longtemps pour l'édifier. Si l'Angleterre a donné le signal de cette révolution dans l'art de construire les ponts, l'industrie française a bientôt pris la tête du mouvement, elle a perfectionné et transformé les types primitifs ; pendant longtemps elle a eu presque le monopole de ce genre de travaux dans une grande partie de l'Europe, et aujourd'hui encore on lui doit quelques-uns des plus beaux ouvrages et des progrès décisifs accomplis dans ces dernières années.

Les premiers ponts ont été faits en fonte, avec des voussoirs imitant les formes consacrées de la maçonnerie. Dès que l'outillage des forges a permis de laminer d'assez grandes pièces, le fer a remplacé la fonte, et des formes nouvelles ont été imaginés.

Stephenson, le premier, jeta (1846-1850), sur le détroit de Menai, un pont formé de deux grands tubes carrés en tôle pleine qui donnaient passage chacun à une voie de chemin de fer, et reposaient sur des piles distantes de 120 mètres.

Les constructeurs français commencèrent par l'imiter en donnant à leurs pont la forme de tubes ou de caissons, mais bientôt ils cherchèrent à en diminuer le poids et inaugurèrent les ponts en treillis.

Un pont métallique se compose maintenant d'une grande poutre droite, simplement posée sur les piles, et

assez raide pour ne pas plier malgré la distance parfois considérable qui sépare les points d'appui.

Ce mot de poutre sert ici à désigner un ensemble très
complexe, composé lui-même d'un réseau de poutres
entre-croisées, mais qui se comporte comme le ferait une
seule pièce droite jetée d'un bord à l'autre.

Pour résister à la flexion, on ne fait qu'appliquer en
grand les principes rappelés tout à l'heure.

L'ensemble forme comme un tube géant, dont les
parois au lieu d'être pleines, seraient des grillages. Ce
tube, de section rectangulaire, est en quelque sorte
réduit à ses quatre arètes, constituées elles-mêmes par
quatre grosses poutres composées, le plus souvent tubulaires dans les grandes constructions : des treillages,
entre-croisement de poutres métalliques simples ou composées, réunissent et rendent solidaires ces quatre
poutres principales (fig. 40). Ceux des parois latérales,
qui doivent contribuer à augmenter la résistance à la
flexion, sont relativement serrés ; les autres n'ont
qu'à maintenir l'écartement des deux côtés ; ils contribuent surtout à résister à la poussée du vent en travers ;
ceux d'en haut peuvent être réduits à des tirants
espacés, ou même être complètement supprimés dans
les ponts de petite dimension :

Ce mode de construction est clairement représenté par
la figure 40, montrant le pont du Manoir au moment du
lançage. Ce pont a été construit sur la ligne de Paris
à Rouen, près de Pont-de-l'Arche, pour remplacer un

ancien pont en fonte : il a trois travées pour une longueur de 200 mètres, tandis que l'ancien avait six
arches : il laisse une hauteur libre bien plus grande,

Fig. 40. — Lancement du pont du Manoir.

tout l'appareil résistant se trouvant reporté en dessus
du tablier au lieu d'être en dessous comme les arcs. Les
ponts en fonte construits à l'origine sur cette ligne se

Fig. 41. — Pont transportable systèm

mmandant Marcille (voy. p. 172).

fissuraient peu à peu, par suite de la rigidité du métal qui ne se prête pas comme le fer aux déformations, lors du passage des trains : on a dû décider leur remplacement.

Quand l'espace à traverser n'est pas large ou qu'on peut le diviser en travées assez courtes en construisant un certain nombre de piles, la poutre métallique qui doit constituer le pont peut se monter d'avance sur le rivage. On la lance ensuite toute faite, en la poussant sur des rouleaux et elle vient reposer sur les appuis qu'on a préparés.

Une application intéressante de ce procédé a été faite à l'art militaire. Les ponts transportables du commandant Marcille (fig. 41), construits par le Creusot, se montent très vite, tout en réunissant des segments préparés d'avance, et se lancent en les faisant reposer sur des lits de fascines.

Ponts à grande portée. — Quand on doit traverser de grands espaces cependant, la construction de quelques piles en maçonnerie n'est pas impossible, comme des estuaires peu profonds, on emploie le *montage en encorbellement* dont le pont du Forth a été l'exemple le plus fameux. Sur deux piles élevées à une certaine distance des bords, on place deux grandes consoles qui étendent leurs bras des deux côtés. Chacune d'elles repose par son milieu sur la pile, on la monte peu à peu en partant de ce point central et ayant soin de faire avancer symétriquement le travail dans les deux sens : les deux parties suspendues dans le vide ont donc toujours la même longueur et le même poids, de sorte que l'ensemble reste en équilibre stable sans avoir besoin d'appuis (fig. 42).

Chaque partie de la poutre a à soutenir le poids de tout ce qui se trouve au delà en porte-à-faux ; les parties les plus rapprochées du centre sont celles qui travaillent le plus, aussi leur donne-t-on une hauteur énorme qui va en diminuant jusqu'aux extrémités (fig. 43). La poutre a donc un profil curviligne, dessinant ce qu'on appelle la courbe d'égale résistance ; cette courbe est calculée de manière qu'en chaque point la section soit proportionnelle à l'effort supporté, et qu'il n'y ait nulle part de masse inutile qui augmenterait le poids sans contribuer à la résistance.

Le montage se fait avec des grues qui avancent à mesure que la poutre s'allonge. Les figures 44 et 45 montrent le montage d'une pile. La grue est portée sur un système de cadres embrassant le tube : ce cadre porte aussi une riveuse permettant d'assembler les pièces à mesure qu'on les élève. Pour les montants verticaux du cadre, on les construit à l'aide d'une plate-forme que des presses hydrauliques soulèvent peu à peu jusqu'à la hauteur définitive de la pile. Ils servent alors d'attache aux tubes supérieurs qui se développent de chaque côté.

Une fois terminées, ces deux consoles se tendent les mains par dessus l'abîme, mais sans se toucher. Il reste un grand vide entre elles. Pour le combler, on jette au-dessus une poutre droite qui repose sur les bouts des deux consoles.

Cette poutre centrale se construit aussi graduellement en partant des deux bouts.

Fig. 42. — Vue du pont en constructi

J'ai décrit le système supposé réduit à une seule travée appuyée sur deux piles latérales. Au pont du Forth, il y a deux travées analogues de 580 mètres de longueur. On a pu construire au milieu des piles qui portent une troisième console. Les deux tabliers formant le centre des travées ont 160 mètres de longueur. Le

centre de la console n'a pas moins de 105 mètres de
hauteur, il est formé par deux cadres dont les montants
sont d'immenses tubes d'acier, reliés par d'autres tubes
en croix de saint André, ces quatre montants reposent

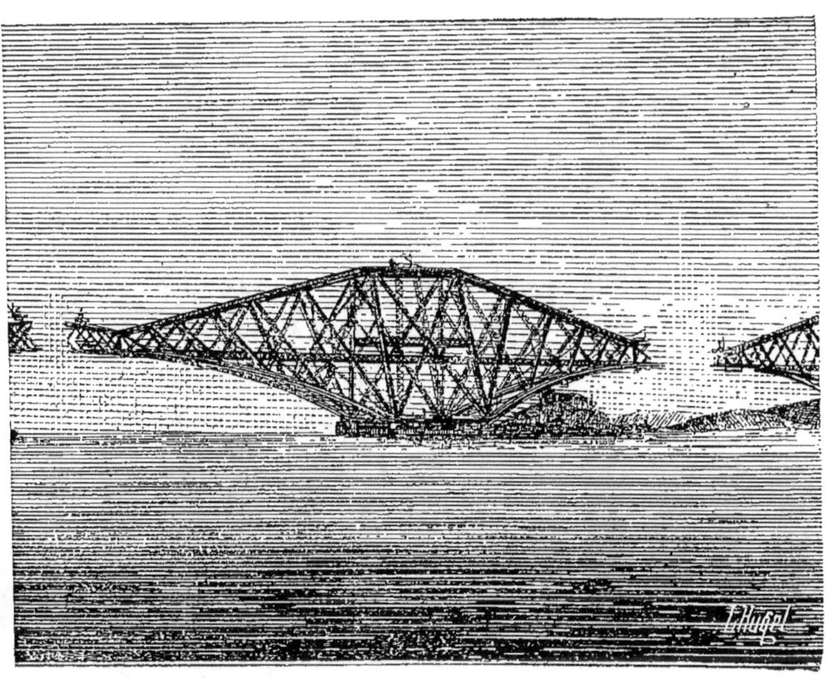

: le Forth (Ecosse) (voy. p. 173 et 174).

sur quatre tours en maçonnerie ; de ces cadres partent
les tubes obliques qui forment les pierres maîtresses
des consoles, et qui sont entretoisés par une forêt de
poutrelles en tôle (fig. 43).

La figure 42 montre l'ensemble du pont avec ses deux
travées, celle de droite interrompue par un vide central

que viendra combler la travée indépendante, dont la construction ne fait que commencer. La figure 43 montre à une plus grande échelle le système de construction de l'échafaudage de tubes qui forme le centre de chaque console.

Cet ouvrage gigantesque a marqué un progrès considérable dans l'art de franchir les grandes distances ; car on n'avait pas encore fait de travées franchissant plus de 200 mètres d'un jet. Il a été entrepris pour épargner à la ligne d'Edimbourg le long détour qu'elle faisait en suivant les bords de l'estuaire du Forth. Adjugé en 1882, il a été terminé en 1890 ; on y a employé 80.000 tonnes d'acier ; la dépense s'est élevée à 75 millions, mais le trafic de la ligne a été presque doublé à la suite de cette amélioration.

Encouragés par cet exemple, des constructeurs français ont osé concevoir une entreprise encore bien plus hardie. MM. Schneider et Hersent ont présenté le projet d'un pont sur la Manche. La distance de 34 kilomètres serait franchie par 73 travées, ayant alternativement 400 mètres et 500 mètres de long, les premières constituées par la jonction directe des extrémités de deux consoles, les secondes portant au milieu un tablier intermédiaire de 125 mètres, la hauteur libre au-dessus de la mer serait de 60 mètres. Les piles en maçonnerie seraient surmontées de tours métalliques pour atteindre le niveau du tablier.

La fondation des piles serait la principale difficulté.

FIG. 43. — Montage d'une pile du pont du Forth.

On compte les faire en bâtissant dans de grands caissons métalliques étanches qu'on viendrait échouer à l'emplacement de chacune d'elles. Pour les plus profondes on immergerait d'abord d'immenses blocs de béton. Afin de faciliter le travail on constituerait des plates-formes provisoires avec des selles métalliques flottantes desquelles on pourrait faire glisser des tubes venant prendre des points d'appui sur le fond.

Une fois les piles construites, le montage se ferait comme au pont du Forth. Bien des ingénieurs se demandent encore si les tempêtes et les courants ne créeraient pas des difficultés insurmontables. Les auteurs du projet ne craignent pas cependant d'annoncer que son exécution pourrait se faire en moins de dix ans. Ils évaluent la dépense à 800 millions.

Le pont coûterait certes bien plus cher qu'un tunnel sous-marin, mais il se prêterait mieux à une circulation active : et si l'on met en doute la possibilité de le monter, ses partisans ripostent en disant que l'on n'est pas sûr de pouvoir aérer le tunnel. Ce mode de communication serait peut-être mieux accueilli que l'autre par ceux des Anglais qui affectent de redouter une invasion, car il serait en tout temps facile à couper, au besoin en le bombardant de loin. Toutefois, il soulève une objection grave, c'est le danger que ces soixante-douze écueils artificiels feraient courir aux navigateurs sur une mer déjà difficile. Pour y répondre, on a prévu un triple système de protection ; chaque pile porterait : 1° des

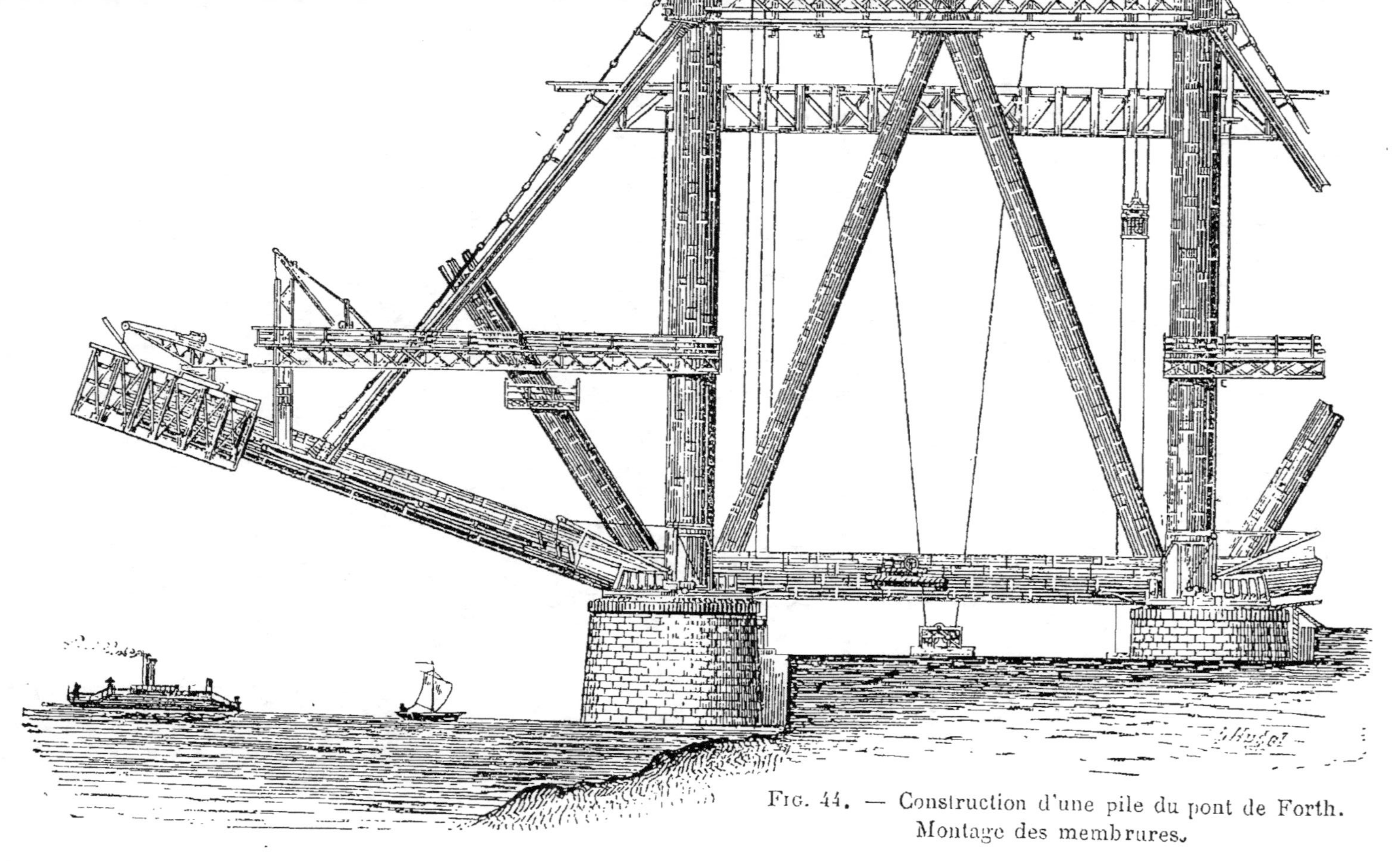

Fig. 44. — Construction d'une pile du pont de Forth.
Montage des membrures.

feux électriques caractéristiques ; 2° des signaux sonores, sirènes et sifflets mus à l'air comprimé ; 3° elle serait entourée de balises flottantes.

Viaducs. — Pour la traversée des ravins profonds, on emploie un procédé tout différent où les supports comme le tablier sont en fer. De hautes piles métalliques, faites sur les mêmes principes que la tour Eiffel, s'élèvent du fond et viennent fournir des points d'appui assez nombreux à une poutre en treillis relativement légère.

Quand il s'agit d'une vallée à la fois large et profonde, il y a intérêt à diminuer le nombre des piles : cela devient indispensable quand le terrain au milieu ne se prête pas à asseoir les fondations, ou quand on veut réserver un large espace à la navigation. On emploie alors de grands arcs en tôle ; ce système a été inauguré par M. Eiffel pour le viaduc de Douro, puis appliqué avec une grande hardiesse à Garabit. Un arc s'élève du fond jusqu'à la hauteur du tablier dont il supporte le centre. Les reins servent de point d'appui à des piles métalliques pour diminuer la longueur des travées. L'arc est formé en général par une poutre courbe composée de deux semelles réunies par des treillis. On le monte sans avoir besoin de ceintre ni d'échafaudage ; les pièces qui le composent sont assemblées peu à peu les unes au-dessus des autres ; des chèvres placées sur la partie déjà faite servent à soulever ces pièces depuis le fond. Pour empêcher le dé--

versement à l'intérieur qui pourrait se produire tant que l'arc n'est pas complet, on l'amarre des deux côtés au rocher par des câbles en acier.

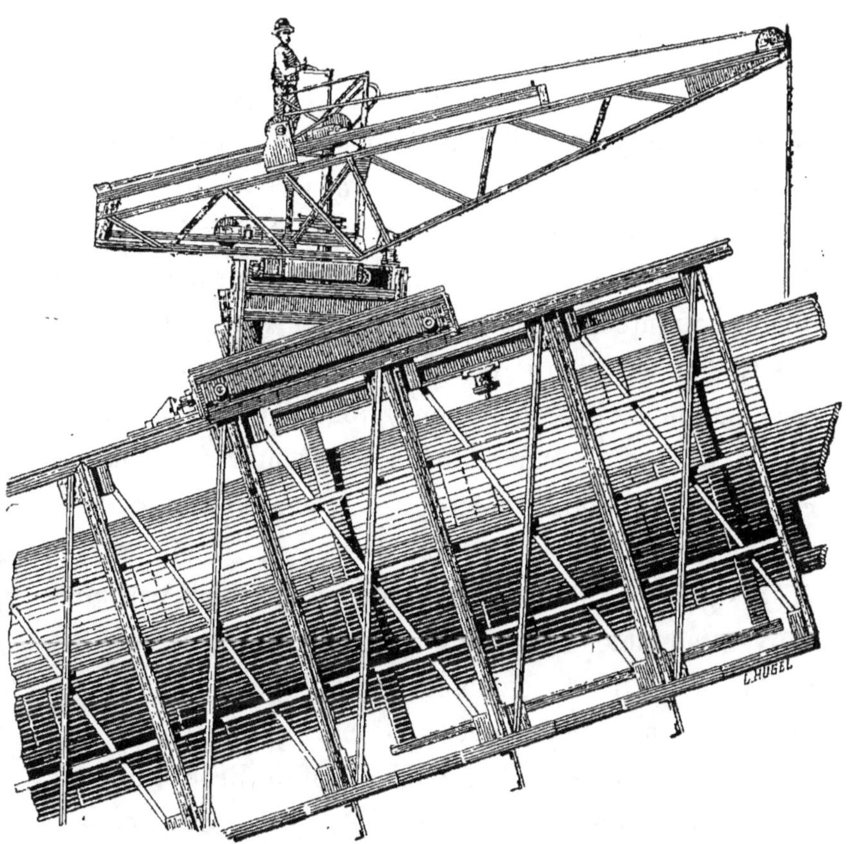

Fig. 45. — Rivetage des membrures du pont du Forth (voy. p. 172).

Le viaduc de Garabit, construit pour faire franchir à la noùvelle ligne de Marvejols à Neussargues la gorge étroite et profonde au fond de laquelle coule la rivière de la Truyère, a 564 mètres de long et 124 mètres de hauteur : l'arc du milieu a 165 mètres de portée (fig. 46).

Ces constructions en arc ont peut-être un aspect plus architectural que les poutres droites. On leur attribue en général le mérite de ne pas déparer les paysages. J'avoue que je ne vois pas pourquoi un pont droit bien proportionné paraîtrait plus laid qu'un pont cintré ; je crois que cette appréciation n'a pas d'autre raison d'être que l'habitude que notre œil a depuis longtemps des ponts en pierre : la forme droite ne nous paraît peut-être choquante que parce qu'elle nous est moins familière ; et il est bien possible que nos descendants, sans être moins artistes que nous, jugent tout autrement, qu'ils trouvent le cintre lourd et encombrant et admirent l'aspect léger, aérien, des passerelles droites suspendues à de grandes hauteurs.

Je signalerai en passant une solution qui est plus souvent adoptée en Amérique qu'en France, ce sont les ponts suspendus avec câbles en fils d'acier : ces fils ont une résistance très grande qui permet d'atteindre des portées considérables. Ainsi le pont de Brooklyn, sur la rade de New-York, franchit près de 500 mètres avec une travée suspendue à quatre câbles en acier de 48 centimètres de diamètre.

Édifices métalliques. — Le fer rend aussi de grands services dans la construction des édifices. Il a permis de couvrir des espaces imcomparablement plus larges que ceux où l'on devait se limiter avec la pierre et

Fig. 46. — Viaduc de Garabit (voy p. 181.)

le bois; il a l'avantage précieux en certains cas de se prêter à une mise en œuvre bien plus rapide.

On a commencé par employer des colonnes en fonte pour faire des supports moins encombrants, surtout à l'intérieur des pièces vastes : puis on a soutenu les toitures avec des fermes en fer imitées des charpentes en bois, mais plus légères et capables de portées bien plus larges. Enfin on a construit des édifices entièrement en fer. Le dernier progrès a été l'emploi d'arcs en tôle qui forment à la fois la voûte et les piédroits : la galerie des machines offre un des plus beaux exemples de ce système.

Les arcs, qui ont 115 mètres de portée et 45 de hauteur sans clef, sont constitués par de grandes poutres à double T dont les semelles en tôle sont réunies par des treillis. Ils sont en deux moitiés, s'appuyant l'une sur l'autre à la clef de voûte par l'intermédiaire d'une rotule en acier qui leur permet de tourner d'un petit angle, l'une par rapport à l'autre : leur base amincie se termine par une arête qui repose aussi sur des supports articulés. Le jeu de ces trois charnières permet aux dilatations ou aux contractions produites par les changements de température de se faire librement et sans inconvénient.

On peut monter ces constructions par parties comme les arcs des ponts, mais on préfère maintenant assembler d'avance à terre les pièces de chaque demi-arc, puis les soulever d'un bloc en les faisant tourner sur

FIG. 47. — Levage d'un piédroit des grandes fermes de 115 mètres
de la Compagnie de Fives-Lille.
(Figure communiquée par le *Génie civil.*)

leur base, jusqu'à ce qu'ils viennent s'appuyer l'un sur l'autre à la clef (fig. 47).

La galerie de Chicago construite d'une manière analogue a, comme le montre la figure 48, à peu près la même largeur, mais elle est notablement plus haute.

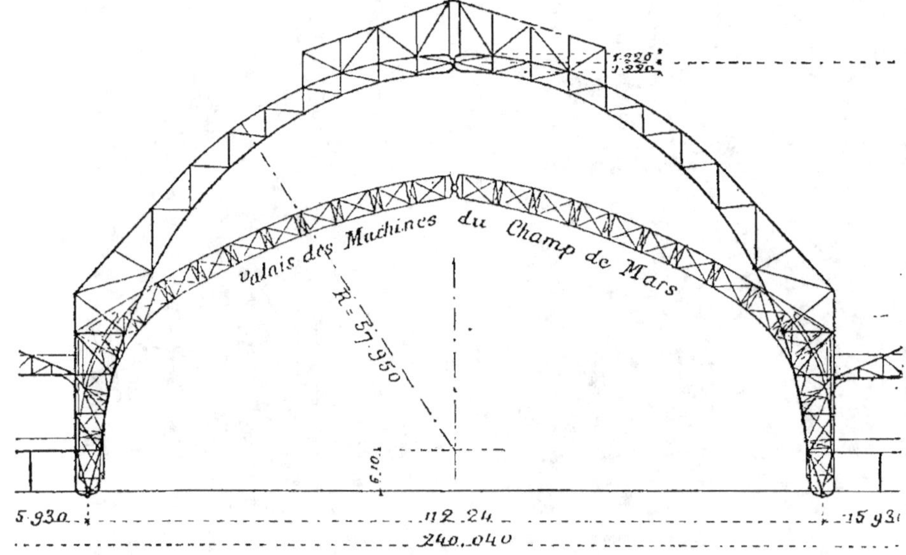

Fig. 48. — Exposition de Chicago. Coupe transversale du bâtiment.

L'exposition de Lyon aura pour centre une coupole géante, dont la charpente et les supports seront aussi formés par une série de demi-arcs se réunissant tous au sommet.

Rivetage et perçage mécaniques. — Le montage des constructions métalliques est facilité aujourd'hui par deux outils ingénieux et très maniables, les arbres flexibles de M. Fonreau et la riveuse mobile de M. Piat.

Autrefois, pour percer et riveter mécaniquement les tôles, il fallait les amener sous des machines fixes. Ce travail ne pouvait se faire que dans les ateliers ; il devenait très difficile sinon impossible quand il fallait manier de grosses tôles : lorsqu'on voulait ajuster sur place des tôles perforées d'avance à l'atelier, il arrivait souvent que les trous ne se correspondaient pas. L'arbre flexible reproduit, en plus robuste, le petit appareil qu'on peut voir fonctionner chez tous les dentistes : il communique la rotation à une perceuse mobile, qui permet de pratiquer les trous sur place (fig. 49). Il se compose de plusieurs forts rubans d'acier enroulés les uns sur les autres en hélice, la moitié de ces hélices sont enroulées dans un sens, la moitié dans l'autre. Elles ne peuvent se tordre sur elles-mêmes, parce qu'elles font ressort et résistent à tout effort qui tendrait à les dérouler. La rotation, imprimée à une des extrémités par un moteur, se transmet donc à l'autre comme par un arbre rigide. Mais leur axe peut se courber facilement sous un effort latéral ; et se prêter aux déplacements de l'outil qu'elles commandent.

Quand on veut ajuster deux tôles, on les perfore en promenant la perceuse mobile sur leurs bords après les avoir mises l'une sur l'autre dans leur situation définitive. La riveuse mobile suit à son tour la perceuse pour achever l'ajustage : c'est une sorte de mâchoire qui embrasse les tôles et porte les pistons destinés à presser les rivets (fig. 49), elle porte un moteur élec-

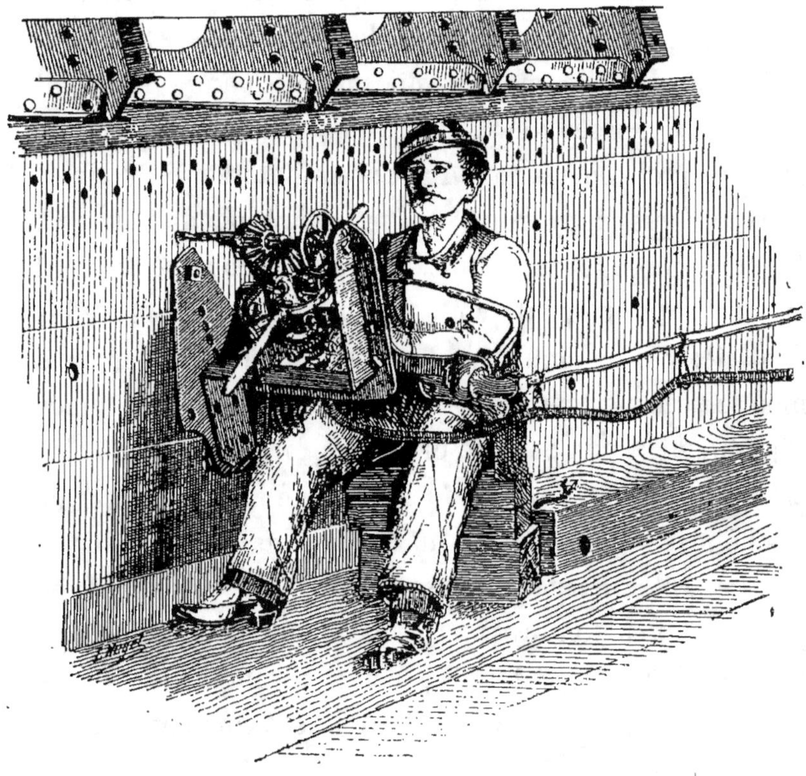

Fig. 49. — Perceuse actionnée par un arbre flexible.

trique, ou reçoit le mouvement hydraulique par des organes flexibles. Les deux appareils combinés sont maintenant employés dans tous les arsenaux, dans les chantiers d'ajustages, où ils permettent un travail bien plus rapide et plus parfait qu'à la main. On s'en est servi pour le montage des derniers ponts métalliques.

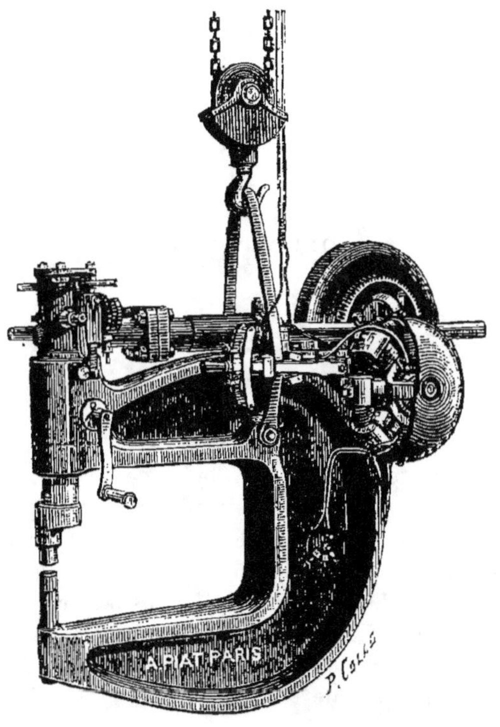

Fig. 50. — Riveuse mobile de Piat.

CHAPITRE VI

NICKEL, COBALT ET CHROME

Le nickel et le cobalt forment avec le chrome, le manganèse et le fer une sorte de famille dont ce dernier serait de droit le chef par le rôle prépondérant qu'il a pris dans l'industrie. Tous ces métaux se trouvent dans la nature à l'état d'oxydes, souvent mélangés ensemble : ils ont des propriétés chimiques et physiques très analogues; ils peuvent s'allier presque en toute proportion sans cesser d'être malléables; ils s'allient au contraire plus difficilement avec les autres métaux usuels comme le cuivre, le plomb, qui sont bien plus fusibles.

Dans cette famille le nickel et le cobalt sont deux frères jumeaux, ils se trouvent presque toujours ensemble, et on a peine à les distinguer comme à les séparer. Ce n'est que dans la couleur de leurs composés chimiques qu'ils présentent des différences tranchées, ceux du nickel étant verts, ceux du cobalt bleus ou roses.

Le nickel peut passer pour le cousin germain du fer. Nous les avons déjà vus se prêter une mutuelle assistance dans la fabrication des blindages, ils sont dans la famille les deux métaux qui se ressemblent le plus et qui forment les alliages les plus intéressants pour l'industrie; ils se soudent l'un à l'autre à chaud, comme ils se soudent à eux-mêmes.

Par quelques-unes de ses propriétés, le nickel établit un trait d'union entre sa famille et celle du cuivre. Il se rencontre de préférence avec le cobalt dans les mêmes gisements que ce dernier métal (où il est alors à l'état de sulfure ou d'arséniure) et il forme avec lui des alliages intéressants. Il a du reste, aussi une grande affinité pour le soufre.

Il s'en faut que dans cette famille les fortunes aient été égales. Le fer, grâce à l'abondance de ses gisements, est devenu de bonne heure le roi du monde; les autres, rares et difficiles à extraire, sont restés ignorés : ce

n'est que de nos jours qu'on a commencé à les connaître ;
mais la plupart d'entre eux sont encore rares, coûteux
et ne jouent qu'un rôle subordonné dans l'industrie,
par leurs alliages ou leurs combinaisons. On ne les
emploie pas purs.

Le nickel seul, par suite de la découverte récente de
gisements importants, a commencé à se faire une place
notable et à trouver quelques applications par lui-
même, en dehors de ses alliages. Son prix, quoique
relativement élevé n'est plus inabordable et on peut le
ranger parmi les métaux usuels. S'il était plus répandu
il pourrait disputer la première place au chef de la
famille, car il vaut le fer par sa ténacité, il est sucep-
tible des mêmes usages et a sur lui la supériorité de ne
pas se rouiller. Mais son prix à l'état de lingots bruts
est encore trente fois plus élevé que celui du fer ; sa
production annuelle, quoiqu'elle aille toujours en crois-
sant, n'atteint peut-être pas 8000 tonnes, contre
20.000.000 de tonnes de fer ; si on réunissait tout ce
qui existe de ces deux métaux dans un pays, le premier ne ferait pas plus grande figure qu'un tas de
cailloux à côté d'une montagne.

I. Nickel

Gisements. — Le nickel n'était jadis qu'un produit
accessoire du traitement de certains sulfures complexes
comme le cuivre gris où il se trouvait en très petite

quantité avec d'autres métaux comme le cuivre, le fer, etc. Il fallait un grand nombre d'opérations pour concentrer peu à peu cette trace de nickel dans des produits de plus en plus riches. Aussi ce métal était-il très cher, il valait encore 18 francs le kilogramme en 1875. Son prix est tombé rapidement à 10 francs lors de la mise en exploitation des gisements découverts en Nouvelle-Calédonie, et il n'est plus aujourd'hui que de 5 francs environ.

Ce minerai nommé *garniérite*, du nom de son inventeur, est un silicate hydraté de nickel et de magnésie, de couleur verte, qui se trouve en enduit ou en concression dans les fissures de la serpentine. Cette formation recouvre de grandes étendues, on l'exploite à ciel ouvert à peu de frais, la garniérite pure peut contenir jusqu'à 30 ou 40 pour 100 de nickel, mais elle est mélangée d'argile et la teneur moyenne du minerai extrait ne dépasse guère 6 à 8 pour 100.

Il y aurait un intérêt considérable à traiter sur place ces minerais pauvres, et à ne pas transporter en Europe un poids de matière stérile qui représente plus de dix fois le poids du métal.

Cependant après bien des essais qui n'ont peut-être pas été conduits avec beaucoup d'esprit de suite, on n'est pas encore arrivé à traiter couramment ces minerais en Nouvelle-Calédonie, et aujourd'hui encore, on en expédie la plus grande partie telle quelle en Europe. De ce seul fait le kilogramme de métal se trouve

déja grevé d'au moins 50 centimes de frais de transport.

De plus, ce tonnage considérable ne peut être confié
qu'à des bateaux anglais, il en résulte que le minerai
est surtout traité en Angleterre et en Allemagne beaucoup plus qu'en France.

Ainsi la découverte de ces beaux gisements n'a pas
rendu à notre industrie nationale tous les services
qu'on pouvait en attendre, et quoique la France ait pos-
sédé pendant quinze ans les seuls gisements de nickel
productif connus au monde, la métallurgie en est
restée surtout aux mains des étrangers.

Aujourd'hui, la production paraît appelée à se développer rapidement, et il est probable qu'on va enfin
traiter les minerais sur place, sinon pour faire du nickel,
au moins pour fabriquer des mattes. Mais notre colonie
n'aura plus le monopole de cette richesse minérale, car
des gisements très puissants ont été découverts au
Canada et sont déjà en exploitation active; d'autres
découvertes analogues sont annoncées aux Etats-Unis.

Procédés de traitement. — La garniérite fondue
au haut fourneau, donne une sorte de fonte de nickel,
où ce métal est allié à du carbone, à du fer et à un peu
de soufre, provenant soit du minerai, soit des cendres
du coke. Pour utiliser ce produit, il faudrait en éliminer
ces divers corps étrangers. Mais on n'est pas arrivé
encore à trouver un procédé d'affinage pratique; on a
surtout beaucoup de peine à enlever le soufre.

Aussi on paraît avoir renoncé pour le moment à la fabrication des fontes de nickel, bien que ce fût le moyen le plus simple de traiter le minerais sur place en Nouvelle-Calédonie.

On s'est décidé à extraire le métal à l'état de mattes, en le fondant avec des matières sulfurées. On a ainsi un produit dont la fabrication est plus coûteuse, mais dont l'affinage ultérieur est plus facile.

Traitement des minerais oxydés. — En fondant le minerai au cubilot, avec des pyrites par exemple, le nickel se rassemble dans le creuset à l'état de sulfure complexe (en combinaison avec une partie du fer). Il n'y a pas besoin d'une température extrême, car cette matte est très fusible, et par suite de sa grande affinité pour le soufre et le nickel n'a pas de tendance à rester dans la scorie, dont la fusion est facilitée par la présence du silicate de fer.

On pourrait croire que les mattes, contenant plus de soufre seront plus difficiles que la fonte à purifier, il n'en est rien, on arrive plus aisément à enlever ce corps lorsqu'on a affaire à un véritable sulfure que lorsqu'on traite un métal qui n'en contient que quelques traces.

Le seul moyen par lequel on puisse l'enlever, c'est ce que l'on appelle le grillage à mort : on chauffe le sulfure au contact de l'air, jusqu'à ce que tout le soufre soit éliminé à l'état d'acide sulfureux, et le métal transformé en oxyde. Pour que ces réactions se fassent complètement, il faut un contact intime avec l'air qu'on n'obtient que si la matière est réduite en farine presque impalpable.

Le sulfure étant cassant se prête à cette pulvérisation préalable, tandis que le nickel impur est trop tenace pour être broyé.

C'est ainsi que, pour pouvoir enlever un peu de soufre, on est conduit d'abord à en ajouter beaucoup, parfois même on en fait venir à grands frais de loin, pour l'incorporer au métal d'où il faudra le chasser plus tard ; les matières sulfurées étant rares en Nouvelle-Calédonie, on y importe souvent du soufre de Sicile pour la fabrication des mattes de nickel. Ainsi, ce soufre fait le voyage de Palerme à Nouméa pour y être combiné au nickel et, sous cette nouvelle forme, il revient en Europe pour y être séparé du nickel et déversé dans l'atmosphère à l'état d'acide sulfureux.

Quand on fabrique la matte en Europe, on fond plutôt le minerai avec du gypse (sulfate de chaux), qui se réduit par le charbon et fournit à la fois le soufre nécessaire à la constitution de la matte, la chaux nécessaire à la fusion des gangues.

Affinage des mattes. — L'affinage de la matte se fait toujours en Europe, parce qu'il exige des opérations assez complexes. Par une série de grillages et de fusions on oxyde et on scorifie le fer pendant que le nickel retenu par son affinité pour le soufre se concentre dans des mattes de plus en plus riches.

Dans quelques usines, on simplifie cette partie du

traitement au moyen d'un procédé dû aux études de M. Manhès, dont nous reparlerons plus loin à propos du cuivre. On remplace ces opérations multiples par un traitement à la cornue Bessemer ; en insufflant de l'air comprimé à travers la matte fondue, le fer se brûle le premier et passe dans les scories, on obtient ainsi d'un seul coup du sulfure de nickel à peu près pur. Ce sulfure est broyé finement et grillé jusqu'à sa transformation complète en oxyde, puis l'oxyde pulvérulent est moulé en cubes avec de la farine, et réduit en le chauffant avec du charbon dans des creusets ou dans des fours à gaz. On obtient ainsi du nickel sous forme de cubes spongieux qu'il faut refondre[1] pour avoir un métal compact.

Cette fusion se fait au creuset. Le nickel fondu est très sujet au rochage, c'est-à-dire qu'il dissout les gaz qui s'échappent pendant le refroidissement et rendent le métal bulleux. On est arrivé à y remédier, en le raffinant comme on fait pour l'acier par l'addition de petites quantités d'un autre métal plus avide d'oxygène. On a employé d'abord le magnésium, on peut lui substituer l'aluminium.

Procédés nouveaux de M. Manhès. — On peut espérer qu'un jour la métallurgie du nickel se simplifiera, qu'on évitera de passer par l'intermédiaire du

---

[1] On ne peut réduire le métal et le fondre en même temps, parce qu'à la température de fusion, il se combinerait au carbone.

sulfure et de l'oxyde, et qu'on arrivera à obtenir directement le métal fondu par l'affinage de la fonte de
nickel, comme on le fait pour l'acier.

M. Manhès a montré qu'en poursuivant le soufflage
au convertisseur, le nickel s'oxyde le dernier après le
soufre et le cuivre, il semble donc que par ce procédé
on pourrait affiner la fonte de nickel absolument comme
la fonte de fer.

Cette méthode simple et séduisante n'a pas encore été
l'objet d'expériences suivies. On lui oppose les objections
suivantes : il est difficile d'éliminer les dernières traces
de soufre, un soufflage trop prolongé oxyde partiellement le nickel et donne lieu à un déchet trop fort.
Quand le nickel est à peu près pur, il ne se développe
plus beaucoup de chaleur par la combustion du soufre,
et le bain tend à se figer. D'autre part, le métal obtenu
au convertisseur, et contenant encore un peu de soufre
serait, comme je l'ai dit plus haut, très difficile à
affiner.

Des essais récents, auxquels j'ai eu occasion de
prendre part, permettent d'espérer que ces obstacles ne
sont pas insurmontables. M. Manhès a trouvé un procédé simple pour affiner le nickel sulfureux, et il est probable que sa méthode permettra de transformer, en deux
opérations, la fonte ou les mattes en nickel pur fondu.
Peut-être même obtiendrait-on avec une seule opération
au convertisseur, un métal suffisant pour la plupart
des usages. Il serait donc facile de fabriquer sur place,

en Nouvelle-Calédonie, un métal brut, dont le transport ne serait plus onéreux, et qui n'aurait à subir en Europe que l'affinage.

Ce ne sont peut-être pas les difficultés techniques qui ont contribué le plus à retarder les progrès de cette métallurgie : la véritable cause est un peu l'éloignement de notre colonie, qui rendait les expériences plus coûteuses et moins aisées à suivre, mais surtout le monopole créé par une compagnie qui, possédant à peu près toutes les mines exploitées, assez puissante pour décourager toute tentative de concurrence, se trouvait maîtresse du marché et pouvait se préoccuper assez peu de son prix de revient. Mais aujourd'hui qu'il faudra compter avec la concurrence du Canada, cette industrie ne pourra se maintenir qu'à condition de ne négliger aucun perfectionnement.

Fabrication du nickel pur. — Lorsqu'on veut obtenir du nickel très pur, on emploie encore quelquefois le traitement par voie humide, qui est plus coûteux. On dissout le minerai dans l'acide chlorhydrique ; on précipite le cuivre, s'il y en a, en le déplaçant par du fer métallique : puis on peroxyde les sels de fer avec du chlorure de chaux, et on précipite le sesquioxyde de fer en saturant la liqueur par du carbonate de chaux : après avoir décanté, on précipite l'oxyde de nickel à son tour, avec un lait de chaux.

On peut obtenir du nickel extra-pur par les procédés galvanoplastiques.

Fig. 51. — Grand balancier d'emboutissage

de MM. Christofle et Bouilhet, à Saint-Denis).

En faisant passer le courant dans une dissolution de sulfate double de nickel et d'ammoniaque où les électrodes sont en nickel, le métal de la cathode se dissout et vient se précipiter à l'anode : il est absolument exempt de soufre et d'arsenic. Le nickel en anodes se vend environ 9 francs le kilogramme, tandis que le nickel en cubes ne coûte que 5 à 6 francs.

Traitement des minerais cuivreux du Canada. — Les gisements du Canada, dont nos avons déjà signalé la récente découverte, sont des sulfures complexes de fer, cuivre et nickel, moins riches en nickel que les minerais de Nouvelle-Calédonie, mais placés peut-être dans des conditions plus favorables au point de vue de l'exploitation et du traitement. — On les fond sur place dans des fours à cuve *(water jacket)*, et on obtient facilement une matte contenant tout le cuivre et le nickel. — L'affinage de cette matte, fait par les procédés ordinaires, donne sans peine des alliages de nickel et de cuivre. Mais la séparation de ces métaux est assez difficile et le problème n'est pas encore définitivement résolu.

On a proposé divers procédés par voie humide. Nous citerons celui de MM. Herrenschmidt et Pélatan qui a été essayé au Havre et qui est très ingénieux.

On dissout une moitié de la matte après grillage, de manière à former une solution neutre de cuivre et de nickel, puis on fait digérer cette solution avec le reste de la matte, qui est à l'état de sulfure double des deux métaux. Le nickel se substitue au cuivre dans la liqueur et le précipite : de sorte que, si les proportions ont été bien calculées, il ne reste que du nickel dans la liqueur et du cuivre dans le précipité.

Emplois du nickel pur. — Le nickel, tout en ayant autant de ténacité que le fer, est très malléable. Il se travaille à froid, s'emboutit, se rétrécit aussi facilement que le cuivre (du moins lorsqu'il est pur). Il résiste bien à l'oxydation, ne se rouille pas comme le fer, et est à peu près inaltérable, tant qu'on ne l'expose pas à l'action des acides, il peut donc remplacer avec avantage, pour beaucoup d'objets, soit le fer, soit le cuivre.

C'est surtout sous forme de tôle mince qu'on l'utilise : les lingots de nickel fondu sont laminés à chaud ; la tôle obtenue peut être emboutie et façonnée à froid comme le cuivre. On l'emploie aussi sous forme de placage, il se soude à lui-même et au fer, on peut fabriquer des tôles plaquées de nickel en laminant deux plaques superposées de fer et de nickel. On peut aussi tréfiler des fils à âme de fer dans un étui de nickel.

On fait en nickel des mors de cannes de verrier, qui ne s'oxydent pas et qu'on soude à la tige en fer.

Les feuilles nickel pur ou plaqué sont assez difficiles à travailler au marteau, mais s'emboutissent très bien à la machine. On fabrique ainsi toute espèce de pièces de vaisselle, des lames de couteau, des réflecteurs ou des cheminées pour lampes, de petits objets comme porte-plumes, montures de sac, etc. Ils présentent l'avantage de se conserver sans altération. Aussi l'emploi du nickel dans la fabrication des instruments de chirurgie s'est-il beaucoup développé. Les vases en nickel pur rendent des services dans les laboratoires et dans la pharmacie : beaucoup moins coûteux que ceux en platine, ils sont presque aussi résistants et peuvent les remplacer quand ils n'ont pas à subir le contact des acides.

Alliages. — Les alliages avec le cuivre constituent l'application la plus ancienne et peut-être encore la plus importante.

On emploie pour les couverts, la vaisselle, etc., les alliages triples de cuivre, zinc et nickel contenant de 10 à 20 pour 100 de ce dernier métal (alfénide, maillechort, packfung); tous ces alliages sont blancs, susceptibles d'un beau poli; ils se laminent à froid. L'alliage de cuivre avec 20 pour 100 de nickel est malléable et résistant, il sert à faire les enveloppes de balles pour les fusils à petit calibre. Les balles en plomb se déformeraient en traversant le canon avec les grandes vitesses qu'on imprime maintenant aux projectiles, il faut les recouvrir d'un étui à la fois rigide et cependant assez malléable pour se mouler sur les rayures. Il faut aussi que ce métal soit peu oxydable; l'alliage indiqué remplit toutes ces conditions.

On a proposé aussi son emploi pour les plaques de foyer de locomotives.

Monnaie de nickel. — L'alliage à 25 pour 100 de

nickel a été employé dans divers États pour faire de la monnaie, cette monnaie est plus légère que celle de bronze, et ne se salit pas à l'usage. On l'a proposée plusieurs fois en France, mais on a toujours reculé devant diverses objections.

On reproche surtout à la monnaie de nickel de pouvoir se confondre avec celle d'argent, dont la couleur est à peu près la même.

On a imaginé bien des moyens de prévenir cette confusion, par exemple, de donner aux chiffres indiquant la valeur un relief assez fort pour être sensible au toucher ou bien de donner aux pièces un contour polygonal ou de les percer d'un trou au centre. Cette dernière forme serait sans doute très bien accueillie dans nos colonies d'Orient, où l'on emploie encore la sapèque.

Mais on reproche à ces différents moyens de donner des pièces plus difficiles à empiler.

L'adoption du nickel pour notre monnaie de billon n'imposerait aucune charge au Trésor. La valeur du bronze démonétisé couvrirait les frais de fabrication des nouvelles pièces, dont le poids serait plus faible.

Alliages avec le fer. — J'ai déjà parlé dans un autre chapitre de l'emploi du nickel en alliage avec le fer. Les aciers au nickel, dont la première application en grand a été faite au Creusot pour les blindages, possèdent des qualités précieuses, et leur emploi, limité jusqu'à présent à des cas où la question de prix est accessoire, s'étendra sans doute si la valeur du nickel vient à diminuer.

Le *ferro-nickel* (alliage riche à 20 ou 25 pour 100 de nickel) a une résistance considérable (60 à 80 kilogrammes par millimètre carré); il est malléable comme l'acier, inoxydable et non magnétique. On le prépare en fondant le nickel avec l'acier au four Martin. Il trouverait certainement des applications dans la grande industrie, si son prix était moins élevé. Je crois qu'on a commencé à l'essayer en Amérique pour les blindages ou les coques de navire.

Nickelage. — Le nickel s'emploie sous forme de revêtements galvano-plastiques, pour recouvrir les objets en fer d'une surface brillante et inaltérable. Les objets bien décapés sont suspendus dans une cuve contenant du sulfate de nickel et d'ammoniaque, et reliés au pôle négatif d'une dynamo ou d'une batterie de piles : l'anode, ou pôle positif est formée par des plaques de nickel. Le courant décompose le sel et le nickel se dépose sur les pièces reliées au pôle négatif, pendant que les anodes se dissolvent et régénèrent le liquide.

II. Cobalt.

Minerais sulfurés. — Le cobalt accompagne souvent le nickel dans les minerais de sulfo-arséniures complexes, mais s'y trouve encore en quantités plus faibles. Quand on soumet ces minerais à une série de grillages et de fusions, peu à peu le fer s'oxyde et passe dans les scories : le cuivre se sépare à l'état métallique à mesure que la proportion de soufre diminue par les grillages ; le nickel et le cobalt se concentrent dans des produits accessoires qu'on appelle *speiss*, où ils sont combinés à l'arsenic et aux derniers restes de soufre. Par suite de leur densité, les speiss fondus restent dans les creusets des fourneaux au-dessus du cuivre métallique et au-dessous des scories ; on peut les recueillir à part. Quand on a un speiss qui ne contient plus que du nickel et du cobalt, si on le grille encore incomplètement, puis qu'on le fonde, c'est le cobalt qui s'oxyde et se scorifie, le nickel reste à l'état d'arséniure.

C'est ainsi qu'on préparait autrefois l'oxyde de cobalt.

Minerais de la Nouvelle-Calédonie. — La Nouvelle-Calédonie produit des minerais spéciaux de cobalt où ce métal est à l'état d'oxyde, avec du nickel, et surtout du manganèse et du fer (3 pour 100 de cobalt, 1 à 2 pour 100 de nickel).

Ces minerais sont aujourd'hui fondus pour mattes qu'on traite dans les usines de MM. Malétra, à Rouen, par le procédé Herrenschmidt. La matte, préparée par fusion au cubilot avec des pyrites, ne contient que du fer, du nickel et du cobalt ; tout le manganèse passe dans la scorie. On grille cette matte, et on dissout les sulfates formés dans une moitié de la dissolution (additionnée de chlorure de calcium), on précipite les métaux à l'état d'oxyde avec de la chaux libre, et on peroxyde le précipité par un courant de chlore. Puis on le fait digérer avec le reste de la liqueur. Le nickel, dans ces conditions, se substitue au cobalt qu'il précipite à l'état d'oxyde, il passe donc tout entier dans la liqueur, tandis que le cobalt se réunit dans le précipité.

Emplois du cobalt. — Le cobalt est surtout employé à l'état d'oxyde pour faire des couleurs. La réduction de cet oxyde peut donner le métal pur. On l'emploie depuis quelque temps sous forme de revêtements galvanoplastiques, où il paraît pouvoir remplacer avec avantage le nickel. Il serait plus dur et moins altérable.

III. Chrome et Manganèse.

Le chrome et le manganèse sont encore peu connus à l'état métallique. L'industrie ne les emploie que sous forme de fontes riches, comme nous l'avons vu pour la fabrication des aciers spéciaux. Leurs oxydes sont, en effet, difficiles à réduire par le charbon et les métaux eux-mêmes très peu fusibles.

Préparation au four électrique. — On extrait sans peine les métaux les plus réfractaires au four électrique de M. Moissan. On sait depuis longtemps que la température extrême développée dans l'arc voltaïque (qui dépasse 2000 degrés) suffit à fondre presque tous les corps et à décomposer tous les oxydes, grâce à l'action du charbon des électrodes. On a préparé de cette manière, industriellement, l'aluminium ; on a aussi obtenu, il y a quelques années, le tungstène, mais à un prix trop élevé pour permettre des applications.

M. Moissan a repris cette méthode et simplifié la construction des fours électriques. L'appareil se compose de deux blocs de chaux entre lesquels on peut faire avancer deux cylindres en charbon placés l'un en face de l'autre. Entre ces deux électrodes, on intercale une sorte de coupelle en charbon aggloméré, on place, par exemple, l'oxyde de chrome. Lorsque l'arc jailllit, il se forme une fonte de chrome, contenant le métal combiné avec une grande quantité de charbon. Pour l'affiner, il faut le fondre de nouveau, à une température très élevée, avec son propre oxyde.

M. Moissan a préparé de la même manière le manganèse et beaucoup d'autres métaux rares comme l'uranium, le vanadium, le molybdène, etc.

Réduction par l'aluminium. — Cette méthode est très coûteuse, et si elle donne aisément les carbures, il est plus difficile d'obtenir le métal pur. Un autre procédé, plus industriel, et qui a peut-être une portée presque aussi générale, est employé depuis quelque temps en Amérique pour la fabrication du manganèse pur. Il consiste à décomposer l'oxyde en le chauffant avec de l'aluminium, qui se substitue au métal qu'on veut réduire.

On prépare ainsi du manganèse pour la fabrication

12.

des aciers manganésés à haute teneur où il y a intérêt à ne pas introduire de carbone. Il est probable qu'on réduirait de la même manière l'oxyde de chrome.

Dépôts galvaniques de chrome. — M. Placet a obtenu des dépôts galvanoplastiques de chrome en électrolysant des solutions d'alun de chrome. Ce métal est très dur; il a un reflet bleuâtre; s'il devenait moins cher, on pourrait l'utiliser sous forme de dépôts, à la place du nickel, et peut-être en faire des pièces de monnaie qui seraient au moins aussi résistantes que celles de nickel, sans avoir le défaut de ressembler autant à l'argent.

Le chrome ne se rencontre dans la nature qu'à l'état de fer chromé (combinaison des oxydes des deux métaux) : il faut d'abord traiter ce minerai par des procédés chimiques pour séparer le fer et obtenir l'oxyde de chrome pur ou ses composés. Les gisements de fer chromé sont abondants en Nouvelle-Calédonie.

CHAPITRE VII

ALUMINIUM

L'aluminium, un des derniers métaux que l'homme
ait connus, sera peut-être un jour un des plus employés.
Déjà par deux fois, lorsqu'il a fait sa première appari-
tion il y a bientôt quarante ans, puis de nos jours lorsque son prix a baissé dans des proportions inatten-
dues, il a mis le monde industriel en émoi et suscité
des espérances suivies de peu d'effets.

Il est du reste, doué de propriétés curieuses et presque paradoxales. Abondant partout, répandu à profusion dans notre sol, sous des formes diverses, il est longtemps resté inconnu et est encore relativement rare sous forme de métal : il y a dans le monde beaucoup moins d'aluminium que d'or. Au point de vue physique, il réunit les qualités ordinaires des métaux, dureté, résistance, etc., à une légèreté qui le ferait prendre pour du bois si on le tenait les yeux fermés. Au point de vue chimique, il est à la fois actif et très inerte : malgré ses affinités très énergiques, il reste insensible et inaltérable dans des conditions où presque tous les autres métaux s'attaquent.

L'aluminium n'est pas le seul métal qui réunisse les trois particularités d'être léger, très répandu dans la nature, et cependant d'être resté longtemps inconnu. Elles lui sont communes avec tout un groupe de métaux, et ce n'est pas le fait du hasard, mais d'une loi naturelle. Par suite de la manière dont s'est formé notre globe, tous les corps simples qui entrent dans le sol comme éléments constitutifs devaient être les plus légers, et aussi les plus difficiles à extraire de leurs combinaisons.

Conditions spéciales de gisement des métaux légers et oxydables. — D'après les théories les plus vraisemblables auxquelles conduisent les études géologiques, toutes les roches peuvent être considérées comme les produits de l'oxydation extérieure de cette masse métallique, où le fer doit dominer. Les laves rejetées par les volcans nous apportent les scories qui se forment encore aujourd'hui en profondeur au-dessous de la croûte primitive, et qui deviennent avec le temps de plus en plus riches en fer.

Avant que le refroidissement n'ait fait son œuvre, ce globe de métal incandescent contenait, à l'état de dissolution ou d'alliage, tous les corps simples qui se sont combinés depuis, pour former tant d'associations variées. La température trop élevée ne permettait aux combinaisons chimiques de se produire, mais à mesure que la surface s'est refroidie, les éléments que la chaleur tenait séparés ont pu s'unir; les métaux se sont transformés en oxydes et le globe s'est revêtu d'un manteau de scories figées. C'est ainsi que du plomb fondu, au contact de l'air, se recouvre d'une pellicule de litharge qui augmente en épaisseur à mesure que l'oxydation gagne.

Les corps les plus légers étaient naturellement ceux qui se rassemblaient à la surface; les plus oxydables se scorifiaient les premiers. C'est pourquoi les roches se composent surtout de silicates d'alumine, de potasse, de soude, de chaux et de magnésie, c'est-à-dire des oxydes du silicium et des métaux les plus légers qui se trouvent posséder en même temps les affinités les plus vives pour l'oxygène. Le fer n'y joue qu'un rôle secondaire, quoiqu'il y en ait un peu partout.

Les métaux qui ont échappé à cette scorification ne se rencontrent pas dans les roches ordinaires; ils sont restés dans la masse profonde du globe. Mais ce foyer souterrain émet des vapeurs (chlorures, fluorures, etc.) qui entraînent avec elles de petites quantités de tous les métaux. Elles traversent les fissures de l'écorce terrestre et y déposent des minerais sous forme de filon : lorsqu'elles débouchent au fond des lacs ou des mers, les métaux s'y précipitent à l'état d'oxydes, et leur accumulation produit des couches, des amas ; nous les retrouvons sous cette forme dans les terrains sédimentaires qui ne sont que des dépôts sous-marins exhaussés et asséchés.

Telle est en deux mots l'idée générale qu'on peut se faire de l'évolution de notre globe, elle rend compte de la répartition générale des métaux, et montre pourquoi les plus légers et les plus oxydables ont donné les éléments ordinaires des roches, tandis que les autres ne se trouvent que dans des gisements spéciaux disséminés. Elle va nous permettre d'expliquer pourquoi les premiers, répandus partout sous nos pieds, sont cependant bien moins connus et moins usuels que les seconds qu'il faut aller chercher péniblement dans les entrailles de la terre.

Les combinaisons chimiques qui ont le plus de tendance à se former sont naturellement celles qu'on a le plus de peine à détruire. Les métaux les plus oxydables seront donc aussi les plus difficiles à isoler : leurs affi - nités énergiques les retiennent dans les combinaisons où elles les ont fait entrer de préférence aux autres. C'est ce qui les a fait rester longtemps inconnus, ce qui les rend encore rares et coûteux,

Quand on range les métaux d'après leur rôle chimique, on peut y distinguer trois grandes classes qui correspondent à des affinités décroissantes pour l'oxygène.
Cette affinité peut être mesurée par la difficulté qu'on
éprouve à décomposer l'oxyde de chaque métal une
fois formé.

Les oxydes de la première classe ne se décomposent
pas (au moins dans les conditions ordinaires) quand on
les chauffe avec du charbon. C'est le cas de la potasse,
de la soude, de la chaux, de la magnésie, de l'alumine.

Les métaux de la seconde classe sont réduits par
le carbone; c'est ce qui arrive pour tous les métaux
actuels, fer, plomb, cuivre, zinc, etc., cette réaction
est précisément celle que l'industrie utilise pour les
extraire de leurs minerais.

Enfin, la troisième classe comprend les métaux précieux (or, argent, platine, mercure, etc.) dont les oxydes se décomposent spontanément quand on les chauffe
même sans l'intervention du charbon. Ces métaux ne
s'oxydent pas à l'air, et doivent leur valeur, non seulement à leur rareté, mais à leurs propriétés chimiques
qui les rendent inaltérables et peu attaquables par les
réactifs usuels.

Les métaux de la première classe sont les seuls
qu'on rencontre dans les éléments constitutifs des
roches et des terres ; la raison en est précisément dans
le caractère chimique qui a servi de base à nos divisions.
La masse métallique incandescente qui formait autrefois

notre globe, et qui subsiste encore sous la croûte refroidie dont elle s'est revêtue, devait contenir, comme
la fonte de nos fourneaux, une forte dose de carbone
en dissolution. Quand sa surface s'est scorifiée, les
oxydes s'y formaient donc en présence du carbone, et
les seuls qui puissent subsister étaient ceux que ce corps
n'était pas capable de réduire. Les autres auraient été
détruits immédiatement.

La même raison qui a hâté la scorification de ces
métaux et qui a provoqué leur diffusion universelle les
a longtemps dérobés à la connaissance de l'homme. Ils
ont formé notre sol parce que le charbon ne réduisait
pas leurs oxydes, nous les avons longtemps méconnus
parce que le charbon était le principal, presque l'unique
auxiliaire de notre industrie et qu'il se trouvait impuissant à les tirer de leurs gangues pour les mettre dans
nos mains. On peut dire que la même cause les a rendus,
à la fois, abondants et rares ; abondants à l'état de
combinaison dans toutes les roches, rares entre nos
mains sous la forme de métal libre.

I. Procédés de fabrication.

*Extraction des métaux alcalins et de l'alumi-
nium.* —Jusqu'au commencement de ce siècle, le chauffage avec le charbon était le seul moyen connu de traiter
les minerais pour en extraire les métaux. On igno-
rait donc l'existence de tous ceux de la première classe.

Ce n'est que par induction que Lavoisier avait deviné la vraie nature de la potasse, de la soude, de la chaux, de la magnésie, de l'alumine, et les avait assimilées aux terres métalliques, affirmant qu'elles devaient contenir des métaux inconnus. Vers 1807, Davy, le premier, parvint à préparer quelques-uns de ces corps hypothétiques. En faisant passer un courant électrique puissant à travers un fragment de potasse, il put la fondre et la décomposer; il vit des globules métalliques apparaître autour du fil communiquant avec le pôle négatif. Il prépara de la même manière le sodium.

L'emploi de l'électricité était alors confiné dans les laboratoires scientifiques, et il a fallu près de quatre-vingts ans avant que l'industrie ne vînt s'emparer de ces procédés pour fabriquer en grand des métaux qui jusqu'alors n'étaient que des curiosités.

Possédant le sodium, les chimistes ont pu obtenir successivement tous les autres métaux difficiles à réduire : en effet, ce corps est avec le potassium celui de tous qui a le plus d'affinité pour l'oxygène et pour le chlore ; en projetant du sodium dans un chlorure métallique fondu, on peut réduire n'importe quel métal ; tous sont déplacés de leur combinaison par le sodium qui se substitue à eux.

C'est ainsi que Wöhler obtint pour la première fois l'aluminium en 1845.

Tous ces métaux sont légers, mais la plupart d'entre eux s'oxydent facilement à l'air, et ne peuvent se prêter aux mêmes emplois que les métaux usuels.

Le potassium et le sodium prennent feu, spontané-ment, même au contact de l'eau.

Le magnésium ne brûle qu'à une température assez élevée, mais il s'altère encore très vite à l'air humide.

Ces corps ne possèdent donc pas les qualités pratiques qui nous rendent les métaux utiles.

Par une anomalie remarquable, l'aluminium, bien qu'il ait aussi une grande affinité pour l'oxygène, est beaucoup moins altérable et se conserve même mieux que la plupart des métaux usuels.

Méthode de Sainte-Claire Deville. — Sainte-Claire Deville comprit immédiatement tout le parti qu'on pou-vait tirer d'un corps qui, trois fois plus léger que le fer et le cuivre, semblait assez résistant pour rendre les mêmes services. Il se mit à l'œuvre, pour trouver des procédés de fabrication susceptibles d'être appliqués en grand.

Pour cela, il lui fallut créer plusieurs industries ac-cessoires. D'abord, perfectionner la fabrication du sodium.

L'électricité était alors un auxiliaire trop coûteux, Brunner avait montré que l'on pouvait décomposer par le charbon le carbonate de soude mélangée à de la craie[1]. C'est ce procédé que Sainte-Claire Deville parvint à modifier de manière à le rendre industriel.

---

[1] La décomposition de la soude par le charbon est une anomalie aux lois générales : j'en dirai quelques mots plus loin.

Il fallait aussi obtenir un sel d'alumine assez fusible pour bien se prêter à la réaction exercée.

Pour obtenir ce résultat on passe par une série de détours ; la matière première qu'on emploie est la bauxite dans laquelle l'alumine est mélangée à une certaine quantité de silice ou d'oxyde de fer ; il faut en extraire l'alumine pure.

On y arrive en fondant la bauxite avec du carbonate de soude ; l'alumine est attaquée et transformée en un sel soluble ; on la dissout dans l'eau, on la précipite ensuite de cette liqueur par un courant d'acide carbonique. Une fois qu'on a l'alumine, on la mélange de charbon et de sel marin et on fait passer sur ce mélange chauffé un courant de chlore ; on obtient ainsi un chlorure double d'aluminium et de sodium, c'est ce sel fusible qu'on décompose enfin en faisant réagir sur lui le sodium dans un four chauffé au rouge.

Ainsi pour préparer la dernière opération, il faut installer quatre fabrications diverses : celle de l'alumine, celle du chlore, celle du chlorure double et celle du sodium. C'est toute une usine de produits chimiques que l'on met en mouvement pour produire quelques kilogrammes de métal. L'usine de Salindres qui commença à fonctionner en 1858 n'a peut-être jamais fait plus de 3 tonnes par an, et le vendait plus de 100 francs le kilogramme. Aussi, malgré l'enthousiasme mérité qui salua les travaux de Sainte-Claire-Deville, le nouveau métal ne put trouver d'application industrielle sérieuse ; on s'en servit pour quelques objets où la légèreté était une qualité très utile et où on ne regardait pas au prix, comme des fléaux de balances, ou d'autres instruments de précision. Il n'entra guère dans le commerce que sous forme de tubes de lor-gnettes.

Traitement de la cryolithe. — Pendant longtemps on chercha à améliorer les détails de ce procédé et notamment à remplacer le chlorure double par le fluorure, qui est moins coûteux à préparer. Ce minéral, connu sous le nom de cryolite, se trouve en filons au Groën-land ; c'est un corps blanc très fusible (il fond à la flamme d'une bougie). Malgré la grande distance d'où il faut le faire venir il coûte encore bien moins cher que le chlorure dont la fabrication est si complexe. On a du reste trouvé moyen de faire de la cryolite artifi-cielle, et d'utiliser pour cela celle dont on a déjà extrait l'aluminium. On était arrivé en Angleterre il y a quel-ques années à de très grands progrès dans le traitement de la cryolithe par le sodium, et l'on pouvait faire de cette manière de l'aluminium à 25 ou 30 francs le kilo-gramme. Mais ces procédés ont perdu tout intérêt pratique depuis le succès de ceux qui sont fondés sur l'emploi de l'électricité.

Procédés électriques. — C'est vers 1887 que l'on apprit qu'une usine américaine produisait par des moyens tout à fait nouveaux des alliages de cuivre ou de fer riches en aluminium, et que les inventeurs prétendaient arriver bientôt à livrer ce métal au prix de 5 francs le kilogramme. Le procédé Cowles que cette usine mettait en œuvre consiste à réduire l'alumine par le charbon en chauffant le mélange dans l'arc voltaïque. On sait que, quand on fait passer un courant très puissant par des baguettes de charbon maintenues à une distance convenable, on voit jaillir entre les deux charbons un arc lumineux éblouissant.

Cet arc n'est autre chose qu'une étincelle électrique continue et très puissante qui se produit là où le courant rencontre une grande résistance pour traverser l'intervalle vide entre les charbons. Il y règne une température bien supérieure à celle de tous nos fourneaux [1]. Les corps les plus réfractaires y fondent, et tous les oxydes métalliques s'y décomposent.

C'est cette réaction irrésistible que M. Cowles a le premier empruntée au laboratoire de physique pour la mettre au service de l'industrie. Mais lorsqu'on traite de cette façon de l'alumine seule, le métal produit se volatilise presque en entier ; pour le recueillir, il faut l'allier, à mesure qu'il se forme, soit au cuivre, soit au fer. On ajoute au mélange d'alumine et de charbon des grenailles d'un de ces deux métaux ; le tout est tassé dans un four dont les parois sont garnies de poussier de charbon aggloméré avec de la chaux ; on y fait péné-

---

[1] M. Violle évalue à 3000 degrés la température de l'arc voltaïque : les fourneaux où l'on fond l'acier dans nos grandes forges ne dépassent guère 1600 degrés.

trer par les deux bouts deux gros cylindres de charbon massif qui donnent passage à un courant très puissant. On voit aussitôt sortir du four des flammes et il se rassemble au fond du cuivre ou du fer fondu allié à une certaine quantité d'aluminium.

Ce procédé ne fournit donc que des alliages dont la richesse n'est jamais très grande ; mais c'est son succès qui a donné l'impulsion aux recherches d'où sont nés tous les procédés électriques appliqués aujourd'hui.

Le dernier mot de ces recherches nous ramène à la méthode générale que Davy avait imaginée pour préparer les métaux alcalins. C'est en faisant passer un courant électrique à travers la potasse fondue qu'il avait isolé le potassium ; c'est en électrolysant un sel fondu qu'on fabrique aujourd'hui l'aluminium et qu'on fabriquera sans doute les autres métaux de la première classe à mesure qu'ils prendront leur place dans l'industrie. La science a donc parcouru une sorte de cycle et revient à son point de départ après un siècle d'efforts. Mais elle y revient armée des puissantes ressources que lui donnent les progrès merveilleux de l'électricité. Et ce que Davy avait peine à faire sur un petit fragment de potasse, on le fait journellement sur des monceaux d'alumine.

Électrolyse des sels fondus. — La méthode de Davy, qu'on désigne sous le nom d'électrolyse par fusion ignée, présente de grands avantages sur les procédés électro-thermiques comme celui de Cowles [1].

Lorsque l'on chauffe un corps dans l'arc voltaïque, une grande partie de l'énergie électrique est dépensée inutilement ; on produit une température exagérée qui provoque des pertes par volatilisation. Au contraire lorsque l'on fait passer le courant à travers une dissolution ou à travers un sel fondu, la résistance qu'il rencontre est relativement faible et la plus grande partie de son énergie est employée à produire des décompositions chimiques. On peut du reste modérer à volonté la température qui se développe.

Bien des essais ont été poursuivis de tous côtés pour réaliser dans des conditions pratiques l'électrolyse des sels d'aluminium et plusieurs inventeurs ont abouti à peu près à la même époque à des procédés qui se ressemblent beaucoup. M. Minet, qui a installé et dirige l'usine de Saint-Michel, près Modane, paraît être celui qui a le plus nettement posé les conditions du problème, et qui l'a résolu par des recherches méthodiques.

Pour électrolyser un sel fondu, il faut que le bain puisse être bien fluide, et cela, à une température assez modérée pour que le sel ne se décompose pas sous l'action de la chaleur. La plupart des sels d'alumine sont

---

[1] Ces procédés s'appellent électro-thermiques parce que l'électricité n'y intervient que comme moyen de réaliser un chauffage exceptionnellement énergique ; tandis que, dans l'électrolyse, le courant est l'agent même qui produit les décompositions.

peu fusibles, le chlorure d'aluminium sur lequel on a fait les premiers essais est trop peu stable.

Le fluorure ne devient pas bien liquide ; on obtient un

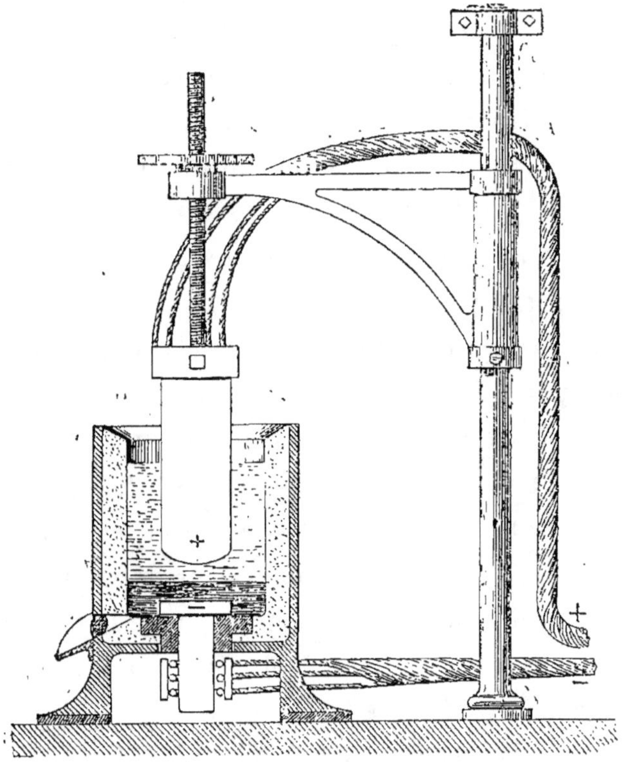

Fig. 52. — Appareil système Héroult.

bain convenable en employant le fluorure double d'aluminium et de sodium connu sous le nom de *cryolithe* en le mélangeant de sel marin qui augmente sa fluidité. Ce mélange est fondu dans de grandes cuves en charbon comprimé, dont le fond communique par des câbles de cuivre avec le pôle négatif d'une dynamo. On plonge dans ce bain un faisceau de baguettes de charbon qui communiquent avec le pôle positif et par lequel entre le courant.

Ce faisceau qu'on appelle l'anode doit être maintenu avec soin à une faible distance du fond, de manière que le courant n'ait à traverser le sel fondu que sur une faible épaisseur ; sans quoi il rencontrerait une résistance trop grande.

Aussitôt que le courant passe, la masse s'échauffe spontanément ; le charbon de l'anode devient lumineux, il se développe autour de lui une sorte d'ébullition. Le sel se décompose : l'aluminium fondu coule au fond de la cuve, et le fluor mis en liberté se dégage sur l'anode.

Si l'on continuait ainsi, le bain s'altèrerait bien vite, et l'opération ne marcherait plus. Mais on recharge sans cesse de l'alumine autour de l'anode, le fluor l'attaque et la dissout, de manière que le bain se régénère au fur à mesure. Ainsi le fluorure ne sert que d'intermédiaire, et c'est l'alumine qui est le véritable minerai.

Usines électrolytiques. — Ce traitement s'opère dans diverses usines avec des variantes qui n'ont pas grande importance. Les usines de Froges (en Isère), et de Neuhausen (près de Bâle), appliquent le procédé Héroult et Kiliani: M. Héroult a d'abord voulu fondre et électrolyser l'alumine, en aidant à la fusion par une addition de cryolithe qui jouait d'après lui le rôle de dissolvant.

Peu à peu on a augmenté la proportion de cryolithe de manière à obtenir des bains plus liquides, ce qui a permis d'employer des courants plus faibles.

M. Minet s'est proposé de rechercher les meilleures conditions pour réaliser l'électrolyse de la cryolithe par des études méthodiques, il a déterminé les lois physiques de cette opération, la manière de régler le courant, la composition des bains les plus liquides, et installé la fabrication suivant ses formules à l'usine de Saint-Michel. Il électrolyse un mélange de chlorure de sodium et de cryolithe, qu'il alimente avec de l'oxy-fluorure d'aluminium (alumine partiellement attaquée par l'acide fluorhydrique).

A Pittsburg, on emploie les procédés Hall, qui, d'après les premiers brevets, consisteraient à employer comme fondant le fluorure de calcium. Mais les bains ainsi formés sont moins fusibles, et il est probable qu'on ajoute en pratique peu de sel de chaux à la cryolithe.

Il semble bien, comme l'a soutenu M. Minet, que c'est la cryolithe qui s'électrolyse et non l'alumine : en effet, l'opération s'arrête quand on cherche à alimenter avec de l'alumine seule, il faut charger un mélange de fluorure pour régénérer le fluor perdu.

La figure 53 représente les appareils employés à l'usine de Froges : ce sont des cuves en tôle, dont le fond est garni de charbon aggloméré. L'anode est formée par un bloc de charbon suspendu, l'aluminium fondu se rassemble au fond, qui forme cathode. On emploie un courant de 3000 à 4000 ampères, avec une force électromotrice d'une dizaine de volts par cuve. Chaque cuve peut produire environ 1 kilogramme d'aluminium par heure.

La force motrice est d'environ 2 chevaux par kilogramme produit par jour, ou 50 chevaux heure par kilogramme de production absolue. On dépense au moins 2 kilogrammes d'alumine et 1 de cryolithe (ou 3 kilogrammes d'alumine et une quantité correspondante d'acide fluorhydrique) : on n'extrait guère que les deux tiers du métal contenu dans le minerai.

Gisements. — L'alumine est très répandue dans le sol. On la trouve partout à l'état de combinaison avec la silice, dans l'argile et dans beaucoup de roches communes. C'est un grand avantage qu'elle offrirait, car les minerais des autres métaux sont tous plus ou moins rares. On ne les trouve que dans des gisements spéciaux. Il y a des pays qui en sont complètement dépourvus et obligés de demander à l'étranger la plus grande partie des métaux qu'ils emploient. Les États les plus riches en mines métalliques peuvent craindre de les voir s'épuiser un jour. L'alumine ne manque nulle part et ne manquera jamais.

Mais nous sommes encore loin du jour où toutes les argiles pourront être considérées comme des minerais. Ce ne sont pas les silicates d'alumine qu'on peut traiter aujourd'hui pour en extraire le métal, c'est seulement

Fig. 53. — Usines de Froges (Isère).

e générale des creusets.

l'alumine libre et pure : sous cette forme, elle n'est pas répandue, c'est presque une pierre précieuse[1].

Emploi de la bauxite. — La métallurgie n'emploie pas l'alumine naturelle : il faut la fabriquer, et, pour que sa préparation ne soit pas trop coûteuse, on ne peut l'extraire que de certaines terres très riches qui en contiennent beaucoup. Ces terres spéciales que l'on nomme *bauxites* se rencontrent en assez grande abondance, il est vrai, mais seulement dans quelques régions favorisées.

Si l'on charge dans les cuves d'électrolyse de l'alumine impure mélangée de silice et d'oxyde de fer comme on la trouve dans toutes les argiles, ces corps se réduisent les premiers et l'on ne peut obtenir qu'un alliage d'aluminium avec du silicium et du fer. Quand ces corps y sont en proportion un peu forte, l'alliage n'a plus aucune valeur, et comme on n'a trouvé aucun moyen de l'affiner pour en séparer l'aluminium, il faut absolument obtenir du premier coup ce métal seul ; on ne peut donc charger dans les cuves que de l'alumine aussi pure que possible. On l'extrait toujours de la bauxite par l'ancien procédé de fusion au carbonate de soude. Ainsi l'aluminium ne se tire pas directement de ses minerais naturels, comme les autres mé-

---

[1] L'alumine qui se trouve cristallisée est connue sous le nom de *corindon;* le rubis, le saphir, sont des variétés colorées de ce minéral. Le corindon ordinaire donne l'émeri, poudre très dure employée au polissage.

taux, mais d'un produit dont la fabrication est déjà coûteuse, Sainte-Claire Deville passait successivement par l'intermédiaire de l'alumine et puis du chlorure double d'aluminium et de sodium. On se dispense aujourd'hui de ce second intermédiaire, ce qui réalise une grande économie, mais on n'est pas encore affranchi du premier. La bauxite qu'on n'a qu'à ramasser dans ses carrières, coûte à peine 15 francs la tonne, ce qui ferait 5 centimes par kilogramme d'aluminium. L'alumine anhydre qu'on en retire se vend 60 francs les 100 kilogrammes, ce qui fait plus d'1 franc par kilogramme d'aluminium. On voit ce qu'on gagnerait à pouvoir employer la bauxite brute. D'ailleurs, la fabrication de l'alumine ne réussit qu'avec des bauxites riches qui ne contiennent pas trop de corps étrangers. C'est ce qui empêche d'employer les argiles ordinaires.

La bauxite se présente sous la forme d'une terre argileuse dont la couleur varie du blanc rosé au brun rouge, suivant qu'elle contient plus ou moins d'oxyde fer. Il en existe des amas très nombreux dans les terrains calcaires du midi de la France. C'est la Provence qui fournit ce minerai à la plupart des pays industriels de l'Europe.

L'alumine, que l'on fait souvent venir d'Allemagne, y a été faite avec de la bauxite envoyée de Marseille à Hambourg. Ce produit revient donc presque à son lieu d'origine quand on l'expédie aux usines françaises dans le Dauphiné et en Savoie.

Il faut espérer qu'on lui épargnera bientôt le voyage et qu'il s'organisera des usines en France pour retirer l'alumine des bauxites françaises et alimenter directement nos fabriques d'aluminium. Nous possédons d'abondants gisements de ce métal, c'est dans notre pays que les premiers procédés d'extraction ont été inventés et appliqués, c'est là aussi que doit se développer dans l'avenir le principal centre de production lorsque nous aurons su nous affranchir du tribut que nous payons encore à l'étranger pour une partie de l'alumine consommée chez nous.

Conditions économiques. — Une fois qu'on a l'alumine, la principale dépense pour en extraire le métal, c'est la production de l'énergie électrique. Aussi, les usines d'aluminium ne peuvent guère prospérer que dans les lieux où la force motrice est à bon marché. Si l'on excepte l'usine de Pittsburg aux États-Unis, qui marche à la vapeur grâce au bas prix du pétrole employé comme combustible, toutes les autres se sont installées auprès de grandes chutes d'eau. La plus importante en Europe est l'usine de Neuhausen sur la chute du Rhin qui dispose de près de 4000 chevaux. Les deux usines qui existent en France, à Froges en Isère, à Saint-Michel en Savoie, sont plus modestes, mais on est en train de les agrandir, et les chutes qui les alimentent peuvent leur fournir une puissance analogue à celle de Neuhausen.

C'est un des effets curieux des progrès de l'électricité,

de ramener la métallurgie vers les montagnes qui furent son berceau. Autrefois, on traitait les minerais dans les pays sauvages où on les trouvait: la forêt donnait le bois pour chauffer les foyers ; le torrent faisait marcher les roues pour soulever les marteaux qui suffisaient aux ouvriers primitifs.

Avec le développement de l'industrie et la découverte de la houille, tout changea. Les grandes usines se groupèrent dans les régions où la terre leur offrait des mines inépuisables de charbon, et on trouva plus commode d'emprunter la force motrice à la vapeur. Aujourd'hui que l'électricité permet de transformer le travail en chaleur, les forces naturelles, non contentes de faire marcher nos machines, peuvent donc remplacer le combustible, même comme agent de chauffage, et accomplir des décompositions chimiques auxquelles le charbon était impuissant ; telle la réduction de l'aluminium. On les verra peut-être reprendre leur ancien role et en assumer un nouveau, celui de suppléer à la houille qui s'épuisera un jour.

Il faut cependant reconnaître qu'aujourd'hui ce moyen de chauffage est encore bien trop coûteux, et qu'on n'y peut guère songer que dans les industries où les procédés ordinaires ne s'appliquent pas.

Le défaut des méthodes électriques, c'est leur lenteur ; une usine doit avoir à sa disposition une force de 2000 chevaux, et une machinerie énorme peut produire à peine une tonne d'aluminium par jour. Une cuve (comme celles qui sont représentées ci-dessus) en produit seulement 20 kilogrammes, tandis que, lorsqu'il s'agit de métaux ordinaires réductibles par le charbon, un cubilot avec un ventilateur et une force de quelques chevaux suffisent à donner plusieurs tonnes de cuivre ou de plomb par jour.

On voit combien cette nouvelle métallurgie se trouve dans des conditions spéciales et défavorables. De grandes dépenses d'installation, des frais généraux importants pèsent lourdement sur une production trop faible. Si on ne comptait que le prix des matières premières et les frais de fabrication courants, l'aluminium pourrait coûter 3 ou 4 francs le kilogramme. Au début des procédés électriques, on l'a vendu de 15 à 20 francs ; ce prix s'est abaissé à 12, puis à 8 francs, il se tient aujourd'hui un peu au-dessus de 5 francs.

Cette dernière baisse paraît avoir coïncidé avec les agrandissements de l'usine de Neuhausen : ce n'est qu'en opérant sur de grandes quantités qu'on peut atténuer l'importance des frais généraux. Les deux usines françaises sont en train de développer beaucoup leurs installations. La Société de Froges pourra bientôt produire, comme celle de Neuhausen, environ 3 tonnes par jour.

Le prix de l'aluminium pourra peut-être s'abaisser encore un peu, à mesure que la production augmentera ; cependant, avec les procédés actuels il semble qu'il ne reste plus déjà beaucoup de marge aux bénéfices et que les cours ne soient pas loin d'avoir atteint leur limite inférieure.

Le prix de revient pourrait être réduit d'environ un franc par kilogramme si l'on arrivait à traiter la bauxite brute sans passer par l'intermédiaire de l'alumine.

Mais, pour qu'il s'abaissât au-dessous de trois ou quatre francs, il ne suffirait pas d'améliorations de détail, il faudrait que la méthode de traitement pût être entièrement changée et que quelque découverte nous révélât des procédés absolument nouveaux.

Chaque année on voit des inventeurs annoncer qu'ils ont résolu le problème et qu'ils sont en mesure de fabriquer l'aluminium aussi facilement que tout autre métal. Mais aucun d'eux n'est encore passé de la promesse à l'exécution ; on ne sait même pas si leurs découvertes ont existé ailleurs que sur le papier. Je m'abstiendrai donc de discuter leurs recettes problématiques.

Je ne me range pas cependant à l'avis de certains auteurs qui affirment *a priori* l'impossibilité de réduire l'alumine par le charbon.

Les lois de l'affinité chimique nous sont encore trop mal connues pour que nous puissions dire où commence l'impossible : on a pu décomposer la soude par le charbon, et on n'y est pas arrivé pour l'alumine ; cependant le sodium a plus d'affinités pour l'oxygène que l'aluminuim, il chasse ce dernier de ses combinaisons ; son oxyde devrait donc être le plus stable des deux, le plus difficile à détruire ; c'est le contraire qui arrive.

Cela prouve que des réactions qui nous paraissent impossibles peuvent se produire dans certaines conditions spéciales ; au fond, dans la méthode de Sainte-Claire Deville, c'était bien le charbon qui, indirectement, réduisait l'alumine puisqu'il servait à extraire le sodium qui à son tour se substituait à l'aluminium pour le mettre en liberté [1].

La réaction que l'on produisait par ces détours compliqués sera-t-elle obtenue un jour par des moyens

---

[1] Cette anomalie peut s'expliquer de la manière suivante ; quand une réaction ne se manifeste pas, ce n'est pas toujours parce qu'elle est impossible, mais parce qu'elle est masquée par la réaction inverse. Ainsi l'oxyde de carbone *en excès* réduit l'oxyde de fer en produisant de l'acide carbonique ; mais si le fer qui se forme ainsi reste en présence de l'acide carbonique à une température élevée, il le décompose et se réoxyde, de sorte que la réduction n'avance plus. Quand le charbon réduit la soude, le sodium mis en liberté reprendrait immédiatement de l'oxygène si l'on n'arrivait pas à l'enlever et à le refroidir très vite : on y parvient parce qu'il est volatil et que ses vapeurs s'échappent dans des récipients disposés pour le refroidir instantanément et le soustraire aux causes de réoxydation. L'aluminium n'est pas volatil, et s'il est mis en liberté il reste dans le four où il reprend bien vite l'oxygène qui lui avait été momentanément enlevé. Pour le recueillir et le protéger, le seul moyen est de l'allier à un autre métal : c'est en somme ce qui se passe dans le four Cowles où l'alumine est réduite par le charbon, c'est ce qu'on n'a pas pu encore réaliser aux températures plus basses des fourneaux ordinaires. Ce n'est certainement pas impossible puisque la fonte de fer produite dans des hauts fourneaux à allure chaude et avec des minerais argileux contient parfois un peu d'aluminium ; mais jusqu'à présent, les essais tentés dans cette voie n'ont donné que des alliages pauvres.

moins coûteux ? Cela n'a rien d'impossible quoique tous les efforts tentés jusqu'ici aient été vains.

Si l'on y réussissait, les procédés électriques, qui n'ont pas encore dit leur dernier mot, se verraient abandonnés à leur tour, et les procédés chimiques, qui sont beaucoup plus rapides, reviendraient prendre leur place.

II. Propriétés de l'aluminium

Propriétés physiques. — L'aluminium est d'un blanc grisâtre. Il est plus mou que le fer et le cuivre, qui le rayent facilement. Il fond au rouge sombre. Ce qui frappe, parmi ses propriétés physiques, c'est sa faible densité. Il est, à volume égal, trois fois plus léger que le fer ; il y a entre eux, à ce point de vue, autant de différence qu'entre le liège et la pierre. On ne peut retenir un mouvement de surprise quand on en soupèse un morceau pour la première fois.

Les constructions métalliques, les machines deviendraient d'une légèreté féerique, si l'on pouvait les faire en aluminium.

Malheureusement, s'il est beaucoup moins lourd que les autres métaux, il est aussi beaucoup moins résistant. On a essayé d'augmenter sa ténacité par des alliages : on l'emploie souvent combiné avec quelques centièmes de cuivre ; cette addition l'améliore, mais c'est encore bien insuffisant pour la plupart des grandes applications. Le métal à la fois résistant et léger, qui pourrait remplacer le fer avec un poids bien plus faible, est encore à trouver.

Cependant on a fait déjà de grands progrès dans cette voie. L'aluminium pur n'a guère plus de 12 à 15 kilogrammes de résistance par millimètre carré. Avec les alliages à 3 pour 100 de cuivre, M. Dreyfus, en étudiant et perfectionnant les procédés de travail, est arrivé à laminer couramment des tôles qui ont 20 kilogrammes de résistance avec 20 pour 100 d'allongement à la rupture. Le wolframinium, alliage au cuivre et au tungstène fabriqué par M. Roman, a près de 30 kilogrammes de résistance avec 17 pour 100 d'allongement : il arrive à 40 kilogrammes de résistance quand il est écrasé, mais il n'a plus alors que 2 pour 100 d'allongement. M. Jouffrey a présenté aussi au Conservatoire des alliages dont j'ignore la composition et qui donnent de très bons résultats.

Si ces alliages ne sont pas encore comparables à l'acier, ils peuvent lutter avec le cuivre, le bronze et le laiton ordinaires. Leur qualité s'améliorera sans doute à mesure qu'on apprendra à les travailler en grand. Si on songe à tous les progrès qu'a faits la fabrication de l'acier depuis trente ans, à tout ce qu'il a gagné comme résistance et surtout comme régularité dans la résistance il n'est pas défendu d'espérer que les alliages d'aluminium s'améliorent dans des proportions analogues.

Propriétés chimiques. — La légèreté de l'aluminium lui est commune avec tous les métaux des promières classes, comme le sodium, le magnésium, etc. ; mais il se sépare d'eux par une qualité qui le placerait au contraire à l'autre bout de l'échelle, à côté des métaux précieux. Il est presque inaltérable à l'air, et inattaquable par beaucoup de réactifs, par l'acide azotique entre autres, qui cependant dissout presque tous les métaux usuels. Tandis que les métaux alcalins s'en— flamment à l'air, que le magnésium est facile à brûler, l'aluminium, dont l'oxyde est cependant presque aussi stable que ceux de ces métaux, peut être chauffé au rouge vif sans s'oxyder. Il y a là une anomalie bizarre qui est peut-être la plus grande originalité de ce corps. Ses affinités si énergiques semblent sommeiller par moments ; il montre autant de paresse à se combiner avec l'oxy- gène que de résistance à s'en séparer quand ils sont unis.

Cette inertie n'existe du reste que vis-à-vis de l'oxy- gène libre ; quand il s'agit de le prendre à un autre métal, l'aluminium se réveille et retrouve sa vigueur.

Qu'on le verse dans une scorie fondue contenant de l'oxyde de fer, ce dernier sera décomposé instantané- ment, et il se formera de l'alumine ; si l'on fait l'expé- rience avec de l'oxyde de plomb fondu, la réaction sera si violente qu'elle produira une détonation. Mais qu'on laisse les trois métaux en présence de l'air, ce sera le fer et le plomb qui s'oxyderont, l'aluminium restera indemne, même si on le chauffe à une température bien supérieure à celle qu'il faut pour les réactions précédentes. Qu'on les plonge dans l'acide azotique, ce liquide, qui dissout sans peine le fer et le plomb, sera sans action sur l'aluminium. On dirait que ce métal quinteux ne recherche l'oxygène que lorsqu'il faut l'arracher à un premier occupant, et le méprise quand il est disponible.

Ce mystère s'explique par une question de contact. Quand l'aluminium est fondu et mélangé à d'autres corps également fluides, il y a contact intime et réaction vive. Mais quand ce métal est solide, sa surface se refuse pour ainsi dire au contact immédiat de l'air et de certains liquides.

Il ne doit donc pas son immunité à son tempérament, mais à la nature de son épiderme. Il a, si j'ose m'exprimer ainsi, la peau huileuse ; les réactifs qui pourraient l'attaquer ne la mouillent pas. Ils glissent dessus comme l'eau sur un corps gras. Cela tient sans doute à ce qu'elle se recouvre spontanément d'une pellicule extrêmement mince et presque invisible.

Aussi, lorsqu'il est à l'état d'alliage, l'aluminium peut perdre cette propriété et manifeste alors toute son affinité pour l'oxygène. Si par exemple on le frotte avec du bichlorure de mercure, ce dernier métal est précipité et s'allie à l'aluminium ; rien n'est changé dans son apparence, cependant il est devenu très oxydable, on le voit se hérisser de petites houppettes blanches d'alumine qui grandissent à vue d'œil.

L'immunité de l'aluminium est d'ailleurs loin d'être

absolue; vis-à-vis de certains réactifs il se montre plus sensible que les autres métaux; ainsi il se dissout dans les liqueurs alcalines comme la potasse, la soude, et même dans l'eau de savon. Sa surface s'altère assez vite à l'air de la mer, mais l'eau salée elle-même à l'abri de l'air ne l'attaque que fort peu; ainsi une plaque plongée à moitié dans la mer ne se ronge que dans la partie située un peu au-dessus de l'eau.

Soudure. — Si l'aluminium offre l'avantage d'échapper au contact de certains corps qui pourraient l'altérer, cette qualité devient parfois un défaut grave; c'est elle qui rend sa soudure pour ainsi dire impossible. Pour souder deux pièces de métal il faut interposer entre elles un alliage plus fusible, qui les fait adhérer en se solidifiant. Or, tant que l'aluminium reste solide, il n'est pas mouillé par les métaux fondus qu'on peut verser sur lui. Les alliages qui servent de base aux soudures ordinaires n'adhèrent pas à l'aluminium.

M. Roman a cependant découvert un alliage complexe, où entre avec l'aluminium de l'étain, du nickel, du cadmium, et qui échappe à cette loi, en chauffant l'aluminium et le frottant avec un bâton de cet alliage, il fond et s'étend régulièrement sur la surface à laquelle il adhère sans l'emploi d'aucun fondant étranger. On peut alors souder avec de l'étain à la manière ordinaire.

Il existe une infinité d'autres recettes avec lesquelles certains ouvriers obtiennent des soudures qui paraissent parfois satisfaisantes. Ainsi on peut décaper la surface

avec l'acide flnorhydrique : comme fondant, on emploie
les hydrocarbures comme la paraffine, la térébenthine
qui empêchent l'oxydation de la surface, ou les chlorures métalliques qui donnent au contact un dépôt de
métal réduit (chlorures d'argent, de zinc, de cadmium);
comme soudure proprement dite on emploie une grande
variété d'alliages fusibles ; ceux à base de zinc et surtout de cadmium paraissent les plus maniables. Un des
procédés les plus récents consiste à étendre sur le joint
une bouillie de chlorure de cadmium délayé dans de l'alcool pur ; en chauffant, le chlorure se réduit, il se forme
un dépôt de cadmium, et on achève en passant sur le
point chaud un bâton de cadmium.

Il arrive souvent que des soudures ; solides au début,
perdent leur adhérence au bout d'un certain temps,
peut-être par suite d'une oxydation interne qui sépare
les surfaces en contact. Une expérience prolongée
pourra seule fixer à ce point de vue le mérite respectif
des différentes soudures. Jusqu'à nouvel ordre, il est
prudent d'éviter autant que possible l'emploi de la soudure dans les pièces qui doivent offrir une certaine
résistance, et il est bien peu de fabrications où on ne
puisse réaliser cette condition en modifiant convenablement la forme ou le mode de préparation des pièces.

L'aluminium est aussi, pour des raisons analogues,
très difficile à dorer ou à argenter ; les dépôts galvaniques y adhèrent mal ; ces difficultés disparaissent quand
la surface est d'abord étamée par le procédé de M. Ro-

man. L'aluminium ainsi préparé se prête même à une fabrication très intéressante et nouvelle, celle de plaques mixtes qu'on obtient en laminant ensemble une feuille d'aluminium et une feuille d'un autre métal, comme le cuivre, le laiton, l'acier.

III. Emplois de l'Aluminium.

Lorsque les travaux de Sainte-Claire Deville ont révélé pour la première fois l'aluminium au monde industriel, on admira ce métal qui réunissait les avantages précieux d'être inoxydable, et d'une légèreté exceptionnelle. On attendit des merveilles de ce corps, surtout en songeant qu'il se trouvait partout en abondance dans la terre. Mais on s'aperçut bien vite que l'on ne pouvait pas encore le retirer des argiles communes, que les procédés de traitement étaient fort dispendieux et, après de si belles espérances, on dut se borner à fabriquer de petits objets qui n'intéressaient que les curieux ou les savants. Quelques lorgnettes vendues très cher furent la seule application qu'on pouvait qualifier d'industrielle.

De nos jours, quand on a annoncé que des procédés nouveaux allaient faire descendre ce métal à un prix voisin de celui des métaux usuels, on vit renaître les mêmes enthousiasmes hâtifs, suivis presque des mêmes déceptions.

Il semblait que le fer et le cuivre fussent menacés

d'être supplantés par le nouveau venu. Or depuis six ans qu'on nous prédit cette révolution, on n'a certainement pas fabriqué mille tonnes d'aluminium dans le monde entier ; alors qu'on y produit annuellement de trois à quatre cent mille tonnes de cuivre, et vingt millions de tonnes de fer.

Hâtons-nous de dire cependant que cette fois la déception n'a pas été si complète, et que surtout elle n'est pas définitive. Le développement n'a pas été rapide comme on le croyait, mais il est continu : la consommation d'aluminium est encore infime, mais elle augmente tous les jours. S'il n'a pas encore de grandes applications acquises, il y en a beaucoup qu'on essaye non sans espoir de succès.

Emploi comme réactif dans la métallurgie. — La principale application acquise aujourd'hui, si l'on considère le tonnage qu'elle absorbe, la seule qui se soit généralisée, c'est une application indirecte à laquelle personne ne songeait il y a quelques années. L'aluminium ne la doit pas à ses propriétés physiques, mais à ses vertus chimiques : il n'y figure pas comme métal, mais comme réactif ; il n'y est pas partie intégrante de l'objet à fabriquer, il intervient pour disparaître après avoir rendu un service.

On en ajoute un peu à l'acier fondu : il s'élimine presque aussitôt en se scorifiant, et vient surnager sous forme d'alumine : on n'en retrouve que des traces insensibles dans le lingot coulé. Mais, quoiqu'il n'ait fait que passer, il a épuré l'acier, qui est devenu plus fluide et plus propre au moulage.

Par quelque procédé qu'on fabrique l'acier fondu, si on le coule directement dans un moule, on obtient un métal poreux et sans résistance.

L'acier, après sa fusion, est toujours mélangé d'un peu d'oxyde de fer qui en diminue la fluidité. De plus, il dégage des quantités considérables de gaz qui produisent à sa surface une sorte d'ébullition. Lorsqu'il se solidifie, les bulles de gaz emprisonnées produisent, à l'intérieur, des cavités qu'on nomme soufflures. On peut combattre ces défauts par l'addition en petite quantité de corps étrangers tels que le silicium et le manganèse, qui décomposent l'oxyde parce qu'ils ont plus d'affinité pour l'oxygène que le fer. C'est ce qu'on appelle raffiner ou régénérer le métal. Mais l'aluminium joue ce rôle d'une façon encore bien plus efficace, il suffit d'en ajouter des doses presque imperceptibles pour que l'ébullition de l'acier se calme comme par enchantement, et que ce métal complètement désoxydé devienne fluide comme de l'eau. On fait ainsi d'un seul coup, en versant l'acier dans un moule, bien des objets de formes compliquées qu'il fallait autrefois forger péniblement à plusieurs reprises.

Il est vrai que pour cette opération on emploie l'aluminium à dose homéopathique (moins d'un millième) ; mais comme il se fait chaque année dans le monde des millions de tonnes d'acier, si on voulait en traiter seulement la dixième partie de cette manière, toutes les usines d'aluminium réunies ne fourniraient pas la quantité nécessaire. On comprend donc· qu'il y ait là un débouché important.

Ce rôle d'épurateur que l'aluminium joue vis-à-vis du fer, il peut le remplir aussi pour d'autres métaux : en l'ajoutant au cuivre, au bronze, au laiton, on obtient des moulages plus sains et plus résistants.

Bronze d'aluminium. — Lorsqu'on l'allie au cuivre dans des proportions plus fortes, on peut faire des bronzes spéciaux qui ont une ténacité tout à fait remarquable. Le bronze d'aluminium n'est pas, comme on le croit souvent, un métal léger ; il contient au plus 10 pour 100 d'aluminium contre 90 de cuivre ; sa densité n'est pas notablement inférieure à celle des bronzes ordinaires, mais sa résistance est beaucoup plus forte et comparable à celle de l'acier ; il possède en outre la propriété de pouvoir se forger à chaud comme le fer. Il a une belle couleur jaune d'or et ne s'altère pas à l'air.

Au congrès de l'industrie minérale tenu à l'Exposition de 1889, un ingénieur belge est venu faire de cet alliage une apologie tout à fait lyrique ; il le montrait déjà remplaçant l'acier qu'il qualifiait de métal indéfinissable, et contre lequel il dressait un vrai réquisitoire. Il prétendait prouver qu'un canon en bronze d'aluminium ne coûterait guère plus cher et offrirait plus de sécurité qu'un canon en acier. Il s'en faut de beaucoup que l'événement ait justifié jusqu'à présent ces hautes espérances. Que ce soit une question de prix, ou que les difficultés spéciales qu'on rencontre pour bien mouler ce bronze aient découragé les fabricants, il n'a pas encore trouvé d'application industrielle importante. Il est resté un peu dans le domaine du bibelot : on en a fait des pièces d'orfèvrerie, des couteaux, etc.

Le bronze d'aluminium n'est, après tout, qu'un alliage analogue aux autres bronzes : le cuivre en forme toujours le composant principal, et lors même qu'il aurait une supériorité suffisante pour lui assurer la préférence dans certains cas, cela ne ferait pas une révolution industrielle. J'arrive maintenant aux applications qui, quoique restreintes aujourd'hui, pourraient devenir des plus intéressantes et apporteraient réellement dans l'industrie un élément nouveau.

Emplois des alliages légers. — Naturellement, la légèreté ne subsiste que si la proportion des métaux étrangers est faible, et dans ces conditions on n'a pas encore su obtenir d'alliages très résistants.

L'aluminium est très malléable, on peut le laminer en feuilles aussi minces que du papier à cigarettes ; on a fait avec ces feuilles des cartes de visite qui ne manquent pas d'originalité, des cartons pour les menus. On peut aussi le tréfiler en fils fins comme des cheveux.

Pour la bijouterie et l'orfèvrerie, l'aluminium rendrait de grands services, si l'on savait bien le dorer et l'argenter ; mais à l'état naturel, sa couleur grise n'est pas très flatteuse à l'œil, et, sans s'altérer, il se ternit

assez vite s'il n'est pas très bien entretenu. On peut cependant obtenir des effets assez élégants en combinant
des surfaces mates et des surfaces brillantes. Les premières sont d'un blanc qui rappelle un peu l'argent,
et les secondes, lorsqu'elles sont bien avivées, ont un
éclat bleuâtre qui rappelle l'acier.

L'aluminium s'emboutit très bien. On sait que l'emboutissage consiste à refouler une plaque de métal, à
travers un orifice, en y enfonçant un poinçon poussé
par une pression énergique. La feuille maintenue par
ses bords se courbe peu à peu ; le métal s'écoule pour
ainsi dire par l'étroit espace qui se trouve libre entre
la matrice et le poinçon ; on peut ainsi obtenir des vases de toutes formes, et même des tuyaux. Ainsi l'on
fabrique les tubes de lorgnettes, avec un disque d'aluminium qu'on emboutit d'abord sous forme de calotte ;
puis, on allonge cette calotte par une série d'emboutis-
sages avec des poinçons de plus en plus longs, et on finit
par la transformer en un cylindre dont on coupe l'extrémité. On peut ainsi faire beaucoup d'objets de formes variées sans soudure.

On fait en Allemagne des porte-plumes, des porte-
crayons, des étuis en aluminium embouti et estampé.
On fait aussi par estampage des clefs qui sont très propres et agréables à porter dans la poche : mais il ne
faut pas être nerveux, ou il faut avoir soin de bien hui-
ler ses serrures, car on aurait vite fait de casser sa clef
si on exerçait un effort un peu violent.

Ce ne sont là que des bibelots où le prix de la matière première n'a pas grande importance parce que le poids est très faible; on ne regarde guère à payer quelques sous de plus un objet qu'on trouve plus commode à porter et qui ne salit pas à l'usage, qui ne prend pas au frottement des doigts une odeur métallique désagréable. Mais quand on aborde la grande industrie, quand il s'agit de pièces volumineuses où le coût du travail n'est pas bien supérieur à la valeur de la matière, l'emploi de l'aluminium peut doubler ou tripler les prix auxquels on est habitué. Il faut alors des avantages bien sérieux pour faire accepter une telle plus-value. On ne peut songer, maintenant, à essayer ce métal que pour les usages où une matière légère et inaltérable serait d'une utilité capitale.

La plus grande application qui se présente d'abord à l'esprit, c'est l'usage qu'on en pourrait faire dans les constructions navales : s'il était capable de remplacer l'acier dans les membrures et dans les coques de navire sans qu'on eût besoin de trop augmenter l'épaisseur, on diminuerait beaucoup le poids total et on atteindrait facilement des vitesses plus grandes. Mais il a trop peu de résistance, même allié au cuivre ; et pour que la construction conserve sa solidité, on serait obligé d'augmenter les dimensions, d'employer un poids d'aluminium presque égal à l'acier.

C'est surtout pour la navigation maritime, et pour les vaisseaux longs qu'un métal très tenace est indispensable ; le bâtiment, lorsqu'il est soulevé par les vagues, se trouve sans appui sur une partie de sa longueur, et son propre poids, placé en porte-à-faux, exerce sur la membrure un effort énorme. Aussi, je ne crois pas qu'on ait encore osé lancer sur mer des bâtiments tout en aluminium.

Dans un des derniers torpilleurs, M. Normand, constructeur au Havre, a fait en aluminium les planchers, les cloisons, c'est-à-dire les parties qui ne contribuent pas à la résistance. Dans le yacht *Vendenesse*, construit par la Société des Forges et Chantiers de la Loire, la coque est en aluminium, on n'a conservé l'acier que pour la charpente qui sert d'ossature intérieure et soutient la coque. Ce système de construction mixte, proposé par M. Guilloux, paraît très logique.

Pour la navigation en rivière, et pour les embarcations courtes et larges, la difficulté n'est plus la même : le bateau n'a plus à supporter son poids, car il ne se trouve plus suspendu dans le vide, et à moins de chocs violents, il n'a pas besoin d'être très résistant. D'ailleurs si on le fait en acier, on est amené à lui donner un excès de solidité inutile, car on ne peut pas diminuer l'épaisseur des tôles au delà d'une certaine limite ; en les faisant trop minces, elles seraient trop exposées à plier. On peut alors remplacer les tôles d'acier trop fortes, par des tôles d'aluminium à peine plus épaisses, qui seront suffisantes et plus légères.

On a construit en Suisse de petits yachts tout en alu-

Fig. 54. — Chaloupe construite en aluminium. (Figure communiquée par le *Génie civil.*)

minium. On a pu voir à Paris une chaloupe démontable destinée aux explorations du commandant Monteil : elle a 10 mètres de long sur 2^m,50 de large, et pèse à peine 1000 kilogrammes. Pour un bateau qui doit servir d'en-cas et qu'on emporte avec les bagages, la légèreté devient une qualité qui prime tout.

Cette chaloupe est divisée en plusieurs travées interchangeables, de façon qu'en cas d'avaries graves, on pourrait à la rigueur en sacrifier une et remonter les autres ensemble (fig. 54).

En somme, on peut dire que, dans la construction, les aptitudes de l'aluminium rappellent plutôt celles du bois que celles du fer. Il remplace l'acier là où le bois aurait pu suffire.

C'est aussi le rôle du bois qu'on lui a fait jouer dans la maison géante, construite, dit-on, à Chicago. Les murs y sont remplacés par des charpentes en fer où les vides sont bouchés par des panneaux en aluminium.

Une des fabrications qui conviendrait le mieux aux aptitudes naturelles de l'aluminium, c'est celle des objets qui peuvent se faire par l'emboutissage des tôles minces, tels que casseroles, gamelles, boîtes de conserve, vaisselle de tout genre. Il remplacerait fort bien le fer-blanc et le cuivre. Il aurait, outre sa légèreté, l'avantage d'être inoffensif et d'épargner la nécessité de l'étamage. Il est démontré que la plupart des liquides alimentaires ne l'attaquent pas du tout, ou dans une proportion insignifiante. D'ailleurs, même attaqué, il ne

donnerait pas de produits vénéneux. Le prix élevé du
métal est le seul obstacle. Cependant, on emploie déjà
de la vaisselle en nickel, qui coûte à peu près aussi cher,
et qui n'a pas l'avantage de la légèreté.

Il y a un cas où cette qualité mériterait peut-être
d'être payée, c'est lorsqu'il s'agit de l'équipement des
soldats. On pourrait faire en aluminium, non seulement
les gamelles, mais les boutons, les casques, les four-
reaux, les poignées des armes, etc.

On arriverait peut-être à alléger de quelques kilogrammes la charge du troupier ; il ne s'en apercevrait
guère, parce qu'on s'empresserait de lui donner des
cartouches à porter à la place. C'est toujours la dépense
qui peut faire reculer devant cette innovation ; cependant
l'équipement en aluminium a été l'objet d'essais pratiques prolongés en Allemagne, et je crois qu'on l'y a
adopté définitivement. La question commence à être à
l'étude en France.

Les lampes de mineur sont aussi quelquefois un far-
deau embarrassant pour l'ouvrier. Dans les mines à
grisou, pour obtenir plus de sécurité et rendre impossible toute propagation de la flamme au dehors, on a été
entraîné à compliquer le système des lampes de sûreté,
et à les rendre de plus en plus lourdes. Certaines com-
pagnies ont songé à essayer la lampe en aluminium.

Ce qui les a arrêtées, c'est, je crois, la difficulté de souder ensemble les différentes parties. Il ne serait pas difficile de la tourner en modifiant la construction, de

manière à se passer de soudure ; tout au moins, on pourrait agencer les pièces, de manière qu'elles tinssent ensemble et que la soudure servît seulement à obturer les joints sans avoir besoin d'être résistante.

On a fait quelques essais intéressants pour ferrer les chevaux avec de l'aluminium. Ce métal est peut-être un peu mou pour cet usage ; il doit s'user assez vite ; en tout cas, lorsque le fer ne doit pas servir longtemps de suite, et qu'on ne regarde pas au prix, comme pour les chevaux de course, la résistance à l'usure n'a plus tant d'importance, et une ferrure plus légère serait un avantage précieux.

On pourrait songer à l'aluminium pour faire des monnaies divisionnaires. Depuis longtemps, on propose pour cet usage des alliages de nickel qui sont adoptés dans plusieurs pays ; la principale objection qu'on leur fait en France, c'est le danger de les confondre avec l'argent dont ils ont la couleur. Avec l'aluminium, cet inconvénient n'existe pas, car sa légèreté fait qu'on n'a pas besoin de le regarder pour le reconnaître. Quand on le tient dans ses doigts, on n'est pas plus exposé à le prendre pour de l'argent que si l'on tenait un morceau de carton argenté. Il est vrai qu'on lui a reproché cette légèreté même ; certaines personnes soutiennent que toute monnaie doit être pesante. Je crois qu'on se familiariserait bien vite avec l'emploi d'une monnaie légère, et qu'on l'apprécierait. Le principal défaut à craindre, sur lequel l'expérience seule pourrait fixer, ce serait l'usure trop rapide des pièces, par suite de la mollesse du métal.

Il y a en Amérique des tramways qui emploient comme tickets des jetons en aluminium. Cette expérience permettrait peut-être de juger du service qu'il pourrait faire comme monnaie.

Si l'aluminium était moins cher, il remplacerait facilement le zinc et le plomb, car il est bien plus résistant et moins altérable : dès aujourd'hui, on pourrait songer à l'employer là où on emploie le plomb, pour la couverture des terrasses, des édifices importants : à cause de la grande diminution de poids, l'augmentation de prix ne serait peut être pas très considérable et l'aluminium aurait à un plus haut degré les avantages qui font dans certains cas préférer le plomb au zinc.

CHAPITRE VIII

MÉTALLURGIE ET TRAVAIL DU CUIVRE

I. **Traitement métallurgique. Procédé Manhès.**

La métallurgie du cuivre est très peu développée en France, des minerais de ce métal sont rares dans notre pays, les gisements sont pauvres, ou très limités, comme celui de la Prugne (Allier) qui a donné du cuivre panaché superbe, mais qui a été épuisé en quelques années.

L'Angleterre, possédant des filons réguliers [1], beaucoup mieux placée, du reste, pour faire venir les
minerais de toutes les contrées et pour les traiter avec
les charbons que lui donnent à vil prix ses houillères
situées près des ports, l'Angleterre est de beaucoup le
pays d'Europe qui produit le plus de cuivre.

Cependant, c'est un industriel français, M. Manhès,
qui a su créer pour ce métal des procédés d'extraction
nouveaux, et faire une sorte de révolution dans une
industrie qui, depuis longtemps, était à peu près stationnaire.

Pour apprécier le progrès réalisé, il nous faut d'abord
rappeler brièvement les conditions du traitement ordinaire.

Principes des anciennes méthodes de traitement.
— Le principal minerai de cuivre est la pyrite ; ce
métal y est associé au fer en proportions variables mais
toujours assez fortes, de manière que le minerai,
dégagé de sa gangue, contient rarement plus de dix
pour cent de cuivre, le reste étant composé par moitié
à peu près de soufre et de fer. Pour séparer ce dernier
métal on cherche à le scorifier, c'est-à-dire à le transformer en silicate, tandis que le cuivre reste à l'état de
sulfure.

Si l'on fond ensemble un mélange d'oxydes et de

---

[1] Aujourd'hui les gisements sont épuisés : la métallurgie du cuivre
en Angleterre ne se soutient que par les minerais importés.

sulfures métalliques, avec des matières silicieuses (quartz, argile, etc.), il se forme deux produits, une scorie silicatée, une matte, un sulfure complexe fusible ; la matte se rassemble au fond du bain par suite de sa densité plus forte, tandis que la scorie surnage. Les métaux se partagent entre ces deux produits d'après l'ordre de leurs affinités respectives, le cuivre est celui qui a le plus d'affinité pour le souffre, il tend à rester dans la matte, le fer est plus oxydable et tend à passer dans la scorie. S'il y a assez de soufre pour retenir combiné à lui le cuivre et une partie du fer, il ne passera dans la scorie qu'une très faible quantité de cuivre, le fer se partagera entre les deux produits ; s'il y avait moins de soufre, la matte serait plus riche parce qu'elle retiendrait moins de fer, mais le cuivre serait plus exposé à s'oxyder, et il s'en perdrait davantage dans la scorie.

On ne peut donc pas obtenir d'un coup la séparation rigoureuse des deux métaux, il faut procéder par enrichissement progressif, en concentrant peu à peu le cuivre dans des mattes qui contiennent de moins en moins de fer.

Elimination progressive du fer et du soufre. — Pour utiliser ces réactions, on commence par soumettre le minerai à un grillage partiel ; c'est-à-dire qu'on le chauffe au rouge en présence de l'air, sans le fondre, on cherche à éliminer la moitié environ du soufre, sous forme d'acide sulfureux. On a alors un mélange d'oxydes et de sulfures des deux métaux avec l'argile, le quartz de la gangue. Ce mélange fondu dans une seconde opération donne une scorie où passe la moitié au moins du fer, et une matte, sulfure double de cuivre et de fer, beaucoup plus riche en cuivre que le minerai primitif.

Cette matte est soumise à son tour à un traitement analogue ; on la grille pour éliminer à peu près la moitié du soufre ; puis on la fond avec addition de matières oxydées et silicatées (scories des autres opérations, minerais oxydés du cuivres, etc.). On obtient une nouvelle matte plus riche, et des scories qui contiennent un peu de cuivre et repasseront dans le traitement.

On continue ainsi jusqu'à ce qu'on ait obtenu des mattes très riches en cuivre.

On peut alors, par une fusion oxydante, éliminer ce qui reste de soufre, scorifier le fer, et obtenir du cuivre brut ; comme il n'y a que très peu de fer, la scorie, où passe ce métal et qui entraîne une certaine proportion de cuivre, est en quantité très faible, le poids absolu de cuivre ainsi perdu est donc minime ; la perte n'est du reste pas définitive parce que la scorie repasse au traitement avec d'autres mattes.

Ce cuivre brut doit être encore affiné. Le traitement comporte donc six opérations ; mais quand on veut obtenir du cuivre très pur, ou quand on a à mettre en œuvre des minerais plus complexes, le nombre des opérations peut s'élever jusqu'à douze. Chacune d'elles est délicate à conduire et exige de la part de l'ouvrier une habileté consommée; on est placé sans cesse entre deux dangers; en laissant passer trop de cuivre dans les scories, ce qui occasionne des pertes importantes, en conservant trop de fer dans la matte, ce qui retarde l'enrichissement et prolonge le travail. On voit combien cette méthode est longue et pénible, quelle dépense de main-d'œuvre, de combustible et de temps elle comporte. Dans le traitement des minerais à 10 pour 100, tel qu'il est pratiqué dans le pays de Galles, on compte à peu près, par tonne de cuivre obtenue, 11 tonnes de charbon et quinze à seize journées d'homme.

Les nouvelles méthodes permettent d'obtenir le cuivre brut avec deux opérations seulement.

Traitement des mattes au convertisseur. — Depuis les succès éclatants du procédé Bessemer, on avait cherché bien des fois à l'appliquer au traitement des mattes de cuivre. En insufflant de l'air à travers un bain de matte fondue, le fer et le soufre se brûlent avec dégagement de chaleur : le cuivre ne commence à s'oxyder qu'après le départ des autres éléments. Des difficultés matérielles ont longtemps empêché ce procédé de devenir pratique. 1° Par suite de la grande quantité de matières à oxyder, les scories s'accumulent sur une grande épaisseur : elles sont peu fluides, et l'opération devient tumultueuse. Le vent ne peut les traverser et provoque des projections. 2° Le cuivre métallique se rassemble au fond, et si le vent froid arrive à la partie inférieure du bain, comme il y trouve bientôt un métal où il n'y a plus d'éléments faciles à oxyder, il reste froid et le cuivre se fige contre les tuyères.

Procédé Manhès. — M. Manhès, de Lyon, est parvenu à écarter ces obstacles. Il a commencé par mettre

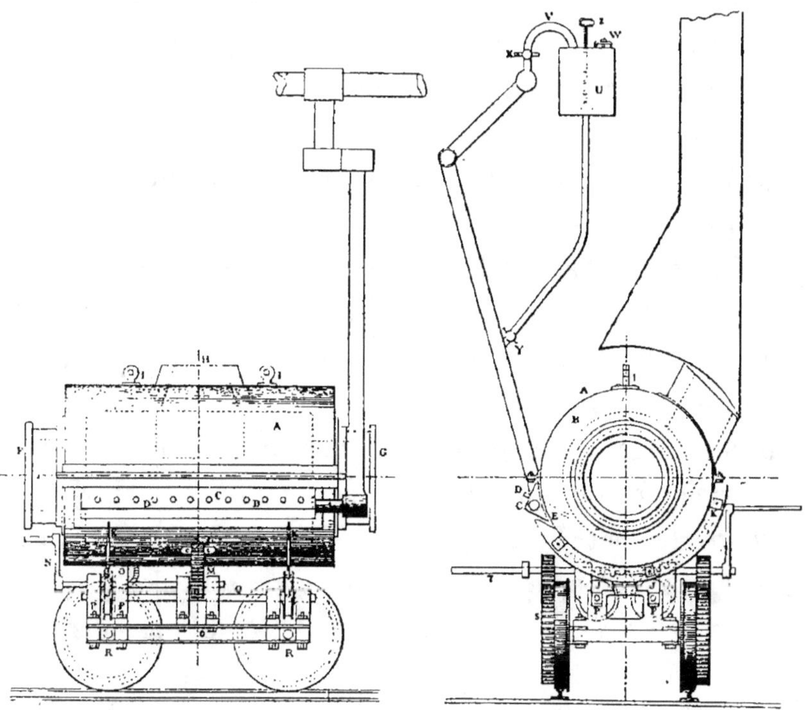

Fig. 55. — Fourneau convertisseur pour l'affinage du cuivre. Procédé Manhès.

les tuyères à une certaine hauteur, de manière que le vent arrivât toujours au-dessus de la surface du cuivre. Puis il a modifié l'appareil de manière à rendre le niveau des tuyères variable. On se sert aujourd'hui d'un convertisseur cylindrique mobile autour de son axe horizontal : les tuyères sont alignées sur une génératrice ; les deux bases du cylindre, placées verticalement, sont pleines et portent les tourillons ; l'ouverture de coulée est sur le milieu de la surface cylindrique, du côté opposé aux tuyères. En faisant tourner ce convertisseur, on peut amener la ligne des tuyères à occuper une hauteur quelconque, par suite l'élever au cours de l'opération et la maintenir au-dessus du cuivre. Grâce à cet appareil, on peut traiter directement des mattes pauvres.

On fond d'abord le minerai au four à cuve pour obtenir des mattes à 20 ou 30 pour 100. Ces mattes sont versées directement dans le convertisseur, on y ajoute un peu de sable siliceux pour scorifier le fer, parfois de la fonte manganésée pour donner plus de fluidité aux scories (surtout quand le minerai contient du zinc). On donne le vent. La température s'élève peu à peu. Si les scories sont trop épaisses et s'il se produit des projections, on y remédie par de nouvelles additions de silice et de manganèse.

Le fer s'oxyde en donnant des gerbes d'étincelles. Le soufre brûle ensuite avec des vapeurs blanches. Quand les fumées s'éclaircissent, l'opération touche à sa fin. On arrête quand elles cessent complètement : on peut aussi prélever une prise d'essai, qu'on traite par un acide et se guider d'après la teneur en cuivre des scories, évaluée par la coloration du liquide. Cette teneur ne doit pas dépasser 2 ou 3 pour 100. L'opération dure de 20 à 30 minutes : avec les manœuvres accessoires il faut compter 1 heure.

Le convertisseur reçoit chaque fois 1000 kilogrammes de mattes.

On obtient du cuivre à 98 ou 99 pour 100, qu'il faut affiner au reverbère. Si l'on voulait obtenir directement du cuivre pur, le déchet serait trop élevé.

Les réactions mises en jeu dans cette méthode sont en somme à peu près les mêmes que dans l'ancienne, c'est l'affinité supérieure du fer et du soufre pour l'oxygène qui permet de séparer ces deux éléments avant d'attaquer le cuivre. On peut se demander pourquoi on arrive à obtenir si rapidement des séparations rigoureuses, pourquoi les mêmes réactions qui se produisent complètement ici ne le faisaient pas dans les anciens appareils. Ce résultat est dû surtout à l'état de fluidité et au mélange intime des matières, provoqué par le bouillonnement et l'agitation qu'entretient le passage rapide de l'air à travers la masse.

Si l'on suppose qu'il se forme de l'oxyde de cuivre en un point quelconque, il se trouvera immédiatement en contact avec une molécule de soufre ou de fer, qui le réduira en produisant du cuivre métallique. Il ne peut donc rester de cuivre dans la scorie, tant que tout le soufre et le fer ne sont pas à peu près éliminés. D'ailleurs, ces éléments ne peuvent rester dans la matte ; ils n'y échappent pas à l'action directe de l'oxygène de l'air, qui, injecté à travers le bain, s'y émulsionne en quelque sorte, et entre en contact intime avec toutes ses parties.

Dans les anciens fours, il n'en était pas de même : la température était plus faible, la scorie restait pâteuse; la matte rassemblée au-dessous d'elle ne la touchait qu'en quelques points, et se trouvait soustraite à l'action de l'air. Il fallait un brassage pénible et prolongé pour mélanger les produits : on n'arrivait pas à réaliser un contact intime, et les réactions ne pouvaient être qu'im-complètes. Dans le convertisseur, la fluidité est parfaite, le brassage énergique et spontané, ce qui suffit à expli-quer la différence des résultats.

La haute température due à la combustion rapide du soufre et du fer dans un espace restreint, favorise du reste les séparations. La chaleur modifie et exalte les affinités chimiques. La réduction de l'oxyde ou du silicate de cuivre par le soufre ou par le fer, la combinaison de l'oxyde de fer avec la silice qui le retient dans la scorie, sont des phénomènes qui ne se produisent qu'à chaud; les réactions mutuelles que ces différents corps exercent entre eux acquièrent une énergie croissante avec la température.

Ces conditions chimiques nouvelles offrent encore un autre avantage précieux. Dans l'ancienne méthode, plu-sieurs corps, qui se trouvent souvent mélangés aux minerais de cuivre, comme le plomb, l'étain, l'arsenic, l'antimoine, étaient difficiles à éliminer : il fallait mul-tiplier les opérations, et néanmoins, on n'arrivait pas toujours à obtenir du cuivre de bonne qualité. Certains minerais, comme les cuivres gris, étaient presque impossibles à traiter. Dans le convertisseur, grâce à la haute température qui s'y développe et au mélange intime entre l'air et la matte fondue, tous ces corps s'oxydent rapidement et se scorifient ou se volatilisent. On peut donc traiter aussi simplement presque tous les minerais, et obtenir avec tous du cuivre également pur.

Résultats économiques. — Le service d'un convertisseur exige une machine soufflante de soixante-dix chevaux environ. Il faut 80 mètres cubes d'air par minute, avec une pression de 25 à 30 centimètres de mercure. L'appareil peut faire seize opérations sans renouveler le garnissage : il consomme environ 100 kilogrammes de coke par jour pour les chauffages. On brûle au four à cuve 150 kilogrammes de coke environ par tonne de minerai. Enfin il y a une consommation de 700 kilogrammes de houille pour l'affinage au réverbère. Avec du minerai à 10 pour 100, il faudra en tout par tonne de cuivre deux tonnes environ de coke, et une tonne de houille : on devrait ajouter encore une tonne de houille si la machine soufflante était mue à la vapeur. La méthode anglaise donne lieu à une consommation de combustible trois fois plus forte. Les frais de main-d'œuvre peuvent être de douze à quinze journées par tonne de cuivre : on les estime à 40 francs environ. L'ensemble des frais de fabrication en France, dans des conditions peu avantageuses se montait à 150 francs par tonne de cuivre : soit la moitié de ce qu'ils sont en Angleterre par la méthode ordinaire.

Importance de cette méthode nouvelle. — Ce n'est pas seulement par l'économie qu'ils procurent que les procédés de M. Manhès ont une grande importance. C'est par la facilité qu'ils offrent à être installés partout. Dans les anciennes méthodes, chaque opération exigeait, pour réussir, la main d'un ouvrier exercé; d'autre part, pour régler à volonté la température des fours, pour la modifier suivant les phases du travail, il fallait avoir de bon combustible, et à bas prix, car on en dépensait beaucoup. Ainsi la métallurgie du cuivre exigeait à la fois la proximité de bassins houillers et la présence d'une population ouvrière qui en possédât la pratique. Installer cette industrie dans une région où elle n'existait pas était très difficile, sinon impossible ; c'était une entreprise à laquelle on ne pouvait songer que pour des gisements très considérables; le propriétaire d'une mine de cuivre isolée n'avait guère d'autre ressource que d'envoyer son minerai à Swansea, où il lui fallait accepter toutes les conditions d'acheteurs maîtres du marché. Les frais de transport absorbaient les bénéfices, et cette situation rendait inexploitables les gisements d'accès difficile.

Aujourd'hui, dans un atelier organisé d'après le système de M. Manhès, à côté du contre-maître qui dirige le travail, il n'y a guère que des manœuvres. On peut donc recruter des ouvriers partout et les dres-

ser rapidement. Du reste, on dépense peu de combustible, et il n'a pas besoin d'être de qualité supérieure.
Comme les appareils ont une production assez forte, il
n'est plus nécessaire d'avoir un matériel considérable,
et les frais d'installation sont modérés. Il devient donc
possible d'établir une usine auprès de toute mine importante et d'y transformer le minerai en cuivre brut, c'est-
à-dire de réduire au dixième le poids des marchandises
qu'on aura à transporter. Bien des gisements, que leur
situation rendait inexploitables, pourront être utilisés.

Ce procédé a été adopté dans toutes les usines récentes créés pour traiter les minerais sur place au
Chili, en Italie, en Espagne, dans l'Oural, etc. Je crois
qu'il permettrait de tenter avec succès la reprise de
plusieurs gisements français qu'on a abandonnés après
les avoir seulement écrémés, dans les Pyrénées, dans
le Plateau Central, dans les Maures et dans les Alpes.

II. Affinage électrique du cuivre.

But de l'affinage électrique. — Le cuivre pur
conduit parfaitement l'électricité, il est à ce point de
vue bien supérieur à tous les métaux. Mais de très petites quantités de corps étrangers suffisent pour diminuer
beaucoup cette qualité précieuse[1]. Le développement de

[1] Le cuivre contenant 1 pour 100 de matières étrangères n'a
plus que la moitié de la conductibilité du métal pur; dans le cuivre
électrolytique la proportion des impuretés descend parfois à 1 millième.

la télégraphie, de la téléphonie à grande distance, des transmissions à grande distance a donc conduit à rechercher de plus en plus les cuivres extra-purs. C'est l'électricité elle-même qui a permis de satisfaire aux besoins qu'elle avait créés. L'affinage électrolytique transforme n'importe quel cuivre en métal chimiquement pur.

L'affinage électrique présente deux avantages importants : 1° Il permet, avec des cuivres ordinaires, d'obtenir des cuivres chimiquement purs qu'on aurait grand' peine à préparer par d'autres méthodes. 2° Il permet d'extraire l'or et l'argent qui sont souvent contenus en petite quantité dans ce métal. Les anciens procédés pour séparer ces métaux précieux du cuivre étaient trop coûteux pour s'appliquer lorsque leur proportion n'est pas assez forte; avec les procédés actuels, leur valeur s'ajoutant à la plus-value qu'acquiert le cuivre électrolytique et qui suffit en général à payer les frais, devient un appoint toujours intéressant.

Principe des séparations effectuées par l'électrolyse. — Lorsqu'un courant électrique traverse une dissolution saline, elle se décompose ; le métal mis en liberté vient se déposer au pôle négatif (cathode), l'acide du sel se réunit autour du pôle positif (anode). La décomposition du sel n'a lieu que si le courant est assez fort pour surmonter l'affinité du métal qui le tient en dissolution. A chaque sel, correspond une différence de potentiel minima qui doit exister entre les deux électrodes pour que la décomposition ait lieu. Ainsi un courant capable de dissocier les sels de cuivre n'aura pas d'action sur ceux du fer, du nickel, du zinc, etc., métaux qui ont en général plus d'affinité pour les acides ; il précipitera, au contraire avec la plus grande facilité l'or, l'argent, métaux moins oxydables que le cuivre.

On voit déjà là un moyen de séparer certains métaux. Il ne serait pas suffisant pour obtenir du cuivre pur : la décomposition du sel absorberait d'ailleurs une énergie électrique considérable.

Les conditions sont profondément modifiées lorsqu'on emploie des électrodes solubles, c'est-à-dire attaquables par les acides. Les phénomènes que nous venons d'indiquer sont les seuls qui se produisent quand le courant pénètre dans le liquide par des substances inattaquables, telles que le charbon ou le platine : le sel est alors décomposé et s'appauvrit progressivement en métal. Mais si l'anode est faite d'un métal capable de se dissoudre dans l'acide mis en liberté, il s'attaque et vient remplacer dans la dissolution celui qui a été précipité.

Supposons par exemple que les deux électrodes soient en cuivre pur, et que la dissolution contienne du sulfate de cuivre. Le métal de l'anode se dissoudra à mesure qu'il s'en déposera sur la cathode, et il régénérera le sel décomposé. Ainsi le seul phénomène apparent est un transport du cuivre, de l'anode à la cathode ; la première se ronge tandis que la seconde se nourrit ; la dissolution qui sert d'intermédiaire n'est pas altérée. Ce transport pourra se continuer jusqu'à destruction complète de l'anode. Il n'exige qu'une faible dépense de travail électrique, parce que la dissolution du métal produit de la chaleur, c'est-à dire de l'énergie, compensant celle qu'absorbe la décomposition du sel.

C'est ce transport qu'on peut régler de manière à ce que le cuivre seul y soit soumis, et que toutes les impuretés qu'il peut contenir restent en route. L'anode est en cuivre brut, la cathode est une plaque de cuivre pur. Tout le cuivre de la première se transportera sur la seconde, par le mécanisme que nous venons d'expliquer. Quant aux corps étrangers, ils peuvent se diviser, au point de vue de leurs propriétés chimiques, en deux catégories : les uns, comme le fer, le zinc, sont plus attaquables que le cuivre ; ils ont plus d'affinité pour les acides ; les autres, comme le soufre, l'or, l'argent, le plomb, l'étain, sont moins attaquables : l'acide sulfurique n'agit pas sur eux, où du moins ne les dissout pas (le sulfate de plomb est insoluble).

Ces derniers corps n'entreront pas dans la circulation ; à mesure que la plaque qui forme l'anode se rongera en laissant dissoudre son cuivre, le soufre, le plomb, les métaux précieux qui s'y trouveraient tomberont au fond du bain sous forme de boues insolubles. Quant aux premiers, ils se dissoudront bien, mais ils ne se précipiteront pas ; comme ils ont plus d'affinité que le cuivre pour les acides, leurs sels ne seront pas décomposés, ils resteront dans la dissolution si le courant est modéré. Par exemple, le liquide se chargera de sulfate de fer, mais le fer ne se précipitera pas avec le cuivre sur la cathode, parce qu'il faudrait, pour dissocier son sulfate, un courant plus énergique. Ainsi les corps étrangers restent tous en route ; ceux qui sont moins attaquables que le cuivre, parce qu'ils ne se dissolvent pas comme lui ; ceux qui le sont plus, parce que leur dissolution une fois faite ne se détruit pas ; le cuivre seul, avec un courant d'une force déterminée, est susceptible à la fois de se dissoudre et de se reprécipiter.

Composition des bains d'affinage. — Pour réaliser les réactions que nous venons d'expliquer, on suspend, dans une cuve contenant une dissolution de sulfate de cuivre, une série de plaques de cuivre impur (anodes), reliées à une barre communiquant avec le pôle positif d'une dynamo : entre elles s'intercale une série de plaques du cuivre pur (cathodes) reliées au pôle négatif. Ce courant entre dans le bain par les premières et sort par les secondes, sur lesquelles se dépose le cuivre affiné. Quand les anodes sont à peu près dissoutes, on les remplace : les dépôts tombés au-dessous sont recueillis et coupellés avec du plomb pour en extraire l'or et l'argent.

Conditions de marche. — La dissolution de sulfate de cuivre doit être assez chargée pour être bien conductrice : elle doit avoir une densité de 1,125 correspondant à une teneur en sulfate anhydre de 12,5 pour 100. L'opération doit être surveillée avec soin : si les parois de l'auge ne sont pas bien lisses et propres, si les plaques ne sont pas bien planes et à distances uniformes, il se produit en certains points des dépôts rapides qui se rejoignent et l'électrolyse s'arrête.

La force électro-motrice théoriquement nécessaire est très faible comme dans tous les procédés où l'on emploie des anodes solubles ; car le travail correspondant à la dissolution du cuivre compense celui que nécessite sa précipitation. Un bain n'absorbe pas, de ce fait, plus d'un dixième de volt.

Le dépôt est d'autant plus cohérent qu'il est plus lent : il ne faut pas dépasser 1/100 de millimètre par heure. L'intensité du courant doit rester au-dessous de 1 ampère par décimètre carré de surface de l'électrode, et le plus souvent on la limite à 10 ou 20 ampères par mètre carré.

Il y a avantage à diminuer les résistances passives en augmentant la surface des électrodes et les plaçant à faible distance : toutefois cette distance ne peut sans inconvénient descendre au-dessous de 5 centimètres. On a intérêt au contraire à augmenter la résistance correspondant à un travail absorbé, c'est-à-dire à multiplier le nombre des bains placés en tension. Il ne faut pas diminuer trop la résistance totale du circuit ; on augmenterait ainsi l'intensité du courant ; or la production croîtra proportionnellement à cette intensité et le travail proportionnellement au carré : il faut donc, pour utiliser au mieux une machine de force donnée, adopter un circuit dont la résistance soit en rapport avec cette force, et réaliser la résistance nécessaire en multipliant le nombre des bains, car avec un courant d'intensité donnée, la production sera proportionnelle à ce nombre.

Ainsi, pour améliorer le rendement, il faudra diminuer la résistance de chaque bain en augmentant les surfaces, mais à condition de faire croître proportionnellement le nombre des bains. Il y aura une limite à cet accroissement, car si l'on augmente ainsi le rendement, on augmente l'importance relative du matériel immobilisé.

D'après les données de l'expérience, il ne paraît pas utile de dépasser 15 mètres carrés de surface pour chaque électrode, et dans ces conditions, le nombre de bains en tension doit être de dix par cheval de force de la machine. La différence de potentiel à chaque bain est de 2/10 de volts. C'est un atelier travaillant dans ces conditions qui paraît avoir obtenu les meilleurs résultats : la production de cuivre y est de plus de 3 kilogrammes par cheval-heure.

Les frais spéciaux de l'opération sont assez faibles ; mais la principale charge provient de l'amortissement d'un matériel considérable : le poids de cuivre immobilisé est de cinquante à soixante-quinze fois celui du cuivre produit par vingt-quatre heures.

Si le principe de l'affinage électrique est élégant et simple, la pratique ne laisse pas de présenter des difficultés multiples et délicates. Il faut un courant parfaitement réglé pour obtenir un dépôt compact et d'épaisseur uniforme. A mesure que l'anode s'attaque et que la composition du bain se modifie, les conditions de transmission du courant se trouvent changées. On comprend que ces difficultés augmentent à mesure que le cuivre est plus impur, parce que la dissolution des matières étrangères modifie plus vite la nature du bain.

En théorie, le procédé devrait s'appliquer à n'importe quel composé du cuivre; on a essayé de s'en servir pour extraire ce métal des mattes (procédé Marchese) ou même des minerais (procédés Siemens, Blas et Miest, etc.); mais jusqu'à présent, l'affinage des cuivres ordinaires est seul passé dans la pratique courante.

Procédé Ellmore. — On ne s'est pas contenté de demander à l'électricité d'épurer le cuivre : on a voulu qu'elle le façonnât en même temps, et qu'elle le livrât non plus à l'état de plaques, mais à l'état d'objets finis; de manière à supprimer toute autre élaboration.

Depuis longtemps on sait obtenir par la galvanoplastie des reproductions métalliques de toutes formes [1] en faisant précipiter le dépôt sur des moules en gutta enduits de plombagine. Ce procédé est employé couramment pour les clichés, pour les œuvres d'art, où il suffit de dépôts minces. Pour produire de toutes pièces des objets épais et résistants, comme des tubes,

---

[1] Voy. Bouant, *La Galvanoplastie*, 2e édition, 1895. (*Encyclopédie de chimie industrielle*).

on peut opérer de la même manière, mais il faut comprimer le dépôt à mesure qu'il se forme, pour le rendre plus compact, et pour qu'il n'emprisonne pas des gouttelettes de liquide qui y créeraient des solutions de continuité.

Dans le procédé Ellmore, on fabrique un tube en faisant déposer le cuivre sur un mandrin en fer, les anodes sont formées par une série de barres de cuivre impur disposées tout autour. Une série de brunissoirs en agate, animés d'un mouvement de va-et-vient, viennent à chaque instant frotter la couche de cuivre et la presser.

Une usine a été fondée, il y a deux ans environ, à Dives, pour appliquer ce procédé sur une très grande échelle : si la réussite commerciale en est encore douteuse, au point de vue technique on obtient des résultats remarquables ; les tubes ainsi fabriqués sont à la fois très résistants et très malléables. Ils peuvent s'étirer à froid sans s'écrouir.

On a encore perfectionné récemment ce procédé en remplaçant les frotteurs en agate par de petits marteaux qui exercent sur le dépôt électrolytique une compression plus efficace.

Difficultés des traitements électrolytiques. — Au point de vue commercial les procédés électriques présentent un inconvénient grave ; non seulement les manipulations sont délicates, mais elles sont très longues ; pour qu'il se forme à la cathode un dépôt adhérent, il faut que le courant soit faible et la précipitation lente. On est donc obligé d'immobiliser dans les cuves, une quantité de métal considérable par rapport à celle qu'on produit : le cuivre y reste en travail plusieurs mois. De là des frais onéreux. De plus, il est difficile de sub-ordonner la fabrication aux commandes, car il faudrait trop longtemps pour les livrer. Il faut marcher d'une manière continue, et avoir des stocks importants, diffi-culté sérieuse, surtout quand il s'agit comme dans le procédé Ellmore de faire des objets façonnés, qu'il faut livrer à des dimensions variables suivant les com-mandes. Ces circonstances ont souvent entravé le succès des usines électriques bien que leur marche au point de vue technique fût satisfaisante.

Ce serait un grand progrès que de pouvoir opérer plus vite, avec des courants plus intenses et de dimi-nuer la quantité de métal immobilisée dans les cuves. Mais jusqu'à présent, les tentatives nombreuses faites dans ce sens n'ont pas donné de résultats définitifs.

III. Travail du cuivre et de ses alliages.

Si la France n'est pas un pays producteur de cuivre, elle possède un grand nombre d'usines très bien outillées pour l'élaboration de ce métal, et plusieurs perfection-nements importants à ce point de vue y ont pris nais-sance.

Raffinage des bronzes. — On sait quels emplois

nombreux a dans la construction et dans beaucoup d'industries le cuivre soit pur, soit à l'état d'alliages. La fabrication de tous ces produits a fait des progrès notables, par l'emploi de réactifs variés qui jouent, comme dans la préparation de l'acier fondu, le rôle d'agents de raffinage ou de désoxydants.

Le cuivre, après avoir été fondu, contient toujours de l'oxydule dissous dans la masse : ce corps nuit à la continuité du métal, à l'homogénéité des alliages, il rend leur structure irrégulière et diminue beaucoup leur résistance. Pour l'éliminer il faut ajouter dans le bain, avant la coulée, un corps plus avide d'oxygène que le cuivre. On a le choix aujourd'hui entre bien des réactifs.

M. Guillemin avait fait breveter autrefois l'emploi du sodium ; quelques fabricants se servent du potassium. Mais les additions les plus usitées aujourd'hui sont celles de manganèse, de phosphore, ou de silicium.

Théoriquement il suffirait d'introduire ces corps en quantité strictement dosée pour absorber tout l'oxygène. Mais comme ce dosage précis n'est pas possible, on est amené à ajouter toujours un excès du réactif, qui modifie un peu les propriétés du métal.

Le manganèse augmente toujours la dureté de l'alliage ; on l'emploie surtout dans certains bronzes en laitons spéciaux. Le phosphore qu'on emploie toujours ou très petite quantité, paraît préférable quand on ne veut que raffiner le cuivre sans le durcir. Les bronzes phos—

phoreux sont très employés pour faire des coussinets de machines, ou des fils de conduites électriques : leur résistance peut aller jusqu'à 80 kilogrammes.

Le silicium paraît être, pour le cuivre comme pour l'acier, un agent de raffinage plus énergique que les autres ; on peut donc l'ajouter en plus faible quantité et obtenir des produits plus purs. Les cuivres siliceux (qu'on appelle parfois improprement bronzes) sont en somme des cuivres presque chimiquement purs ; le silicium y a été ajouté en doses très faibles pour réduire l'oxyde, et n'y subsiste qu'à l'état de traces ; mais son action leur a donné une homogénéité parfaite ; ils jouissent d'une conductibilité électrique plus élevée que toutes les autres variété de cuivre et sont préférés pour les applications à la télégraphie, au transport de la force, etc.

L'aluminium est aussi un réducteur énergique, et son addition, même à dose très faible, augmente beaucoup l'homogénéité et la résistance du laiton. Nous parlerons plus loin des bronzes spéciaux dans lesquels l'aluminium entre comme élément essentiel.

Métal Roma. — L'addition aux bronzes de corps étrangers en proportion un peu considérable peut augmenter beaucoup leur résistance. Parmi les bronzes spéciaux qui ont donné lieu à des applications industrielles sérieuses, je citerai le métal Roma de M. Guillemin. C'est un bronze au manganèse, qui, suivant les proportions plus ou moins fortes de ce corps, peut avoir

des résistances de 30 à 45 kilogrames avec des allongements de 40 à 15. Il se forge à chaud, et des échantillons travaillés de cette manière ont atteint une résistance de 56 kilogrammes avec un allongement de
25 pour 100.

Laitons. — Le laiton ou cuivre jaune est un des
alliages les plus employés. Il se coule mieux que le
cuivre et se travaille aussi bien à froid. Les laitons
ordinaires contiennent de 15 à 30 pour 100 de zinc. Le
plus résistant est celui qui sert à faire les douilles de
cartouche et qui est connu sous le nom de laiton de
guerre ; il contient 33 pour 100 de zinc et est préparé
avec des soins tout particuliers, avec des tours de
main secrets dont le principal est sans doute l'addition de traces de corps étrangers destinés à faciliter
la coulée. Ce métal est particulièrement sensible à l'é-
crouissage et au recuit ; en prolongeant le travail à
froid, on peut l'amener à des résistances de 60 kilogrammes au millimètre carré ; mais il est alors cassant,
en le recuisant on peut lui rendre sa malléabilité ; par
un recuit complet sa résistance descend à 30 kilogrammes, il prend alors un allongement de 60 pour 100 avant
de se rompre, un réchauffage exagéré le rend cristallin ;
il est alors brûlé et perd toutes ses qualités.

Quand la teneur en zinc dépasse 35 pour 100, les
laitons deviennent très durs ; ils ne peuvent plus se
travailler qu'au rouge. On emploie maintenant, sous
divers noms (Delta, Roma, Hercule), des alliages de ce

genre qui contiennent de 35 à 40 pour 100 de zinc, et en outre quelques centièmes de métaux tels que le fer, le manganèse, le cobalt[1] ; ils ont un grain serré, une grande résistance, et se forgent à chaud comme le fer. Les laitons au manganèse sont employés en France pour les hélices de navires.

Métal Delta. — Le métal *Delta* est un laiton contenant 55 pour 100 de cuivre, 41 de zinc, 2 à 4 de fer, avec des traces de manganèse, de plomb, parfois de nickel ou de cobalt. Ce qui le distingue des laitons ordinaires, c'est la facilité avec laquelle il se travaille à chaud.

Il a une résistance de 40 kilogrammes environ, qui peut monter à 60 après un forgeage bien dirigé ; l'allongement est de 30 pour 100 ; il s'abaisse à 10 quand le métal est écroui par le travail à froid ; mais l'effet de l'écrouissage se corrige très bien par le recuit.

Il est fusible vers 950 degrés très fluide et se moule facilement. Entre 5 ou 600 degrés, il est très malléable : on peut le laminer ou l'étirer. Ainsi on fabrique des tubes sans soudure en laminant une barre entre quatre rouleaux profilés en arc de cercle, devant lesquels se présente un noyau fixe. A une température plus élevée le métal s'égrène quand on veut le forger ; au-dessous du rouge, il est dur et se crique. Il faut alors le travailler très lentement en intercalant de fréquents recuits.

---

[1] Pour plus de détails voyez le livre de M. Weiss, *le Cuivre.*

C'est ainsi qu'on termine le laminage des plaques minces, l'étirage des barres et des fils. On se sert pour les
soudures d'un alliage de delta et d'argent ; on peut
aussi le souder à lui-même au moyen du chalumeau
oxhydrique ou des procédés électriques ; ce mode de travail diminue un peu la résistance au point chauffé, qui
se recuit, mais il est facile de corriger cet effet par un
léger écrouissage. On fabrique les pièces de forme irrégulière par estampage au rouge sombre.

Le delta résiste bien aux eaux acides, aux eaux de
mines ou à l'eau de mer. Il paraît indiqué pour les organes de machines, pour les robinets qui sont exposés
à ces causes de détérioration. On le prépare en incorpo-
rant le fer au zinc fondu, puis en ajoutant cet alliage
au cuivre fondu avec un peu de manganèse.

Plusieurs autres alliages ayant des propriétés mécaniques analogues ont été mis en circulation sous des
noms divers.

Tous ces produits doivent leurs qualités, non pas
tant à leur composition même qu'à leur mode de fabrication qui est tenu secret. Si l'on essayait de faire du
delta en se contentant de mélanger et de fondre ensemble
les métaux indiqués, on obtiendrait un métal aigre et
sans corps. Pour avoir un alliage homogène, il faut
certains tours de main, qui consistent surtout dans
l'addition de réactifs spéciaux vers la fin de l'opération.

Ces additions peuvent remplir un double rôle. On

sait depuis longtemps que certains métaux, ajoutés même en petite dose à un alliage, peuvent provoquer, une union plus intime des éléments qui s'y trouvaient déjà ; sur cette propriété curieuse et encore mal expliquée, on ne possède que des données purement empiriques.

Mais ces réactifs ont à remplir en même temps une autre fonction qui, celle-là, est bien connue et analysée. Ils opèrent le raffinage, et détruisent, comme nous l'avons expliqué plus haut, les oxydes disséminés dans la masse métallurgique. A ce point de vue, on peut utiliser tous les corps déjà cités comme servant au raffinage du cuivre (métaux alcalins, ou alcalino-terreux phosphore, etc.), et il est probable que l'aluminium joue un rôle capital dans la préparation de tous ces nouveaux alliages.

Fusion des bronzes au four Piat. — Dans la plupart des fonderies ordinaires la fusion des bronzes, des laitons, se fait au creuset. Ce procédé est dispendieux, et le travail pénible. Le four Piat, très employé aujourd'hui dans les usines françaises, a réalisé un progrès considérable. Le creuset est calé dans un four rectangulaire qui peut basculer pour faire la coulée (fig. 56 et 57). On n'a donc pas besoin de le retirer du four après chaque opération, de sorte qu'il se détériore beaucoup moins et ne se refroidit pas. Il en résulte à la fois une économie sur la main-d'œuvre, sur le combustible et sur l'usure des creusets.

Fils de cuivre. — Le cuivre s'emploie surtout sous forme de fils, de plaques et de tubes. Nous ne décrirons pas les opérations de la tréfilerie où il n'a pas été fait d'innovations importantes. C'est surtout à varier les

Fig. 56. — Four Piat avec appareil de suspension et treuil de manœuvre appliqué au mur.

Fig. 57. — Four Piat. Bâti spécial évitant l'emploi de la grue.

qualités du métal suivant les besoins que l'on s'est ingénié. A ce point de vue, plusieurs usines françaises, en tête desquelles on doit citer celle de M. Weiler, obtiennent des résultats remarquables. On demande aux fils télégraphiques une grande conductibilité électrique, mais il y a intérêt aussi à ce qu'ils aient assez de résistance pour ne pas multiplier les supports. Ces deux qualités sont pour ainsi dire incompatibles : pour augmenter la résistance, il faut allier le cuivre à d'autres métaux qui le rendent moins bon conducteur. On est donc amené, suivant les cas, à sacrifier plus ou moins un de ces avantages à l'autre. Les usines Weiler fournissent toute une gamme de fils dont la résistance peut varier de 30 à 70 kilogrammes par millimètre carré et la conductibilité de 100 à 50.

Pour obtenir ces résultats, il faut savoir doser parfaitement les alliages, les couler parfaitement sains (question dont nous avons parlé ci-dessus) ; il faut aussi proportionner l'étirage à la qualité du métal. Le travail à la filière écrouit le cuivre et augmente sa résistance. On est obligé de corriger cet écrouissage par de fréquents recuits, sans quoi le fil casserait : en prolongeant le travail, on peut utiliser cet effet, et arriver à donner juste le degré d'écrouissage qui convient pour avoir la résistance voulue.

On fabrique aussi des fils de cuivre avec une âme en acier ou en fer, qui joue le role de support résistant pendant que l'écorce en cuivre sert de conducteur à l'électricité. Ces fils se font en passant à la filière une tige de fer entourée d'un tube en cuivre moins long qu'elle. Les deux métaux s'étirent, mais l'enveloppe en cuivre s'allonge plus que l'âme en fer, et on finit par obtenir un fil où les deux parties sont parfaitement soudées par la compression.

Tubes. — Les tubes de cuivre peuvent se faire en repliant et soudant des feuilles. On a imaginé bien des procédés pour les faire sans soudure. Cette fabrication comprend deux parties : l'ébauchage, où on prépare un tube gros et court, le finissage, où on l'allonge en l'amincissant.

On peut obtenir l'ébauche par emboutissage : en enfonçant des poinçons dans une plaque de cuivre, on la transforme en calotte que l'on creuse de plus en plus, jusqu'à ce qu'elle devienne un cylindre allongé. Un procédé meilleur consiste à prendre un lingot perforé au milieu, à l'enfiler sur un mandrin, puis à le marteler en le tournant successivement sous le marteau dans tous les sens : le lingot s'aplatit sur le mandrin qui réserve le vide intérieur. On a construit des machines qui font tout ce travail automatiquement : elles font tourner et avancer régulièrement le mandrin sous un marteau frappeur.

Une fois qu'on a un tube à parois épaisses, dont le diamètre intérieur est égal ou un peu supérieur à celui que l'on veut, on l'allonge au banc à tirer. Pour cela, on l'enfile sur une tige en acier, puis le tout est saisi par de fortes tenailles et entraîné à travers une filière ronde. Le tube s'amincit en s'allongeant et une série de passages par des filières de plus en plus étroites, l'amène aux dimensions voulues.

Ce travail ne peut être supporté que par du métal de qualité supérieure, et s'il y a quelque défaut caché dans la pièce, l'étirage a pour effet de l'aggraver. C'est ce qui fait qu'on préfère encore souvent les tubes soudés.

Chaudronnerie. — Le cuivre en plaques sert à fabriquer des vases de toute forme. Ce travail qu'on désigne sous le nom de chaudronnerie, se faisait autrefois au marteau. Aujourd'hui, on cherche à le rendre autant que possible mécanique. On peut faire beaucoup d'objets par emboutissage : les formes arrondies peuvent aussi se faire au tour. La feuille métallique est fixée par son centre sur la pointe d'un tour; en appuyant avec un burin, on la force à se plier à mesure qu'elle tourne, et à s'appliquer sur des mandrins en bois que porte l'arbre. Ce travail peut devenir tout à fait automatique, le burin que l'ouvrier tenait à la main est alors remplacé par une molette qu'un ressort repousse constamment, et qui appuie la plaque contre le mandrin.

La maison Egrot, à Paris, s'est acquis une réputation universelle dans ce genre de travaux. Elle a créé des appareils nouveaux très intéressants, comme ces grandes marmites à double fond, basculant sur tourillons, et chauffées à la vapeur, qui servent à faire la cuisine en grande masse dans beaucoup d'établissements, ou à bord des navires.

Paillon. — Comme contraste avec ces ustensiles monstres, je citerai l'industrie du paillon qui transforme le cuivre en pellicules minces, en véritables pelures d'oignon. Ces feuilles, qu'on pare de couleurs brillantes, peuvent se découper et servir à faire toute

Fig. 58. — Cuisine Egrot.

sorte d'ornements variés ; on en recouvre les cartons sur lesquels on vend les boutons.

Cette industrie a pris naissance à Lyon, sur un bateau où on battait les feuilles avec un marteau mû par le courant du Rhône. Aujourd'hui, elle est installée avec un outillage parfait dans l'usine de M. Bar à Rantigny. Tout le travail s'y fait au laminoir. Un lingot de cuivre est d'abord laminé en barre plate : ces barres recuites sont aplaties par un nouveau laminage, et transformées en bandes ou rubans. On replie ces rubans sur eux-mêmes, et on en fait des paquets que des femmes font passer un grand nombre de fois dans de petits laminoirs à rouleaux d'acier bien poli.

Les feuilles de cuivre sont colorées en y étendant une dissolution de gélatine, puis les trempant dans des couleurs d'aniline. On fait aussi des paillons plaqués d'argent et d'or. Pour cela, on superpose à la barre de cuivre une lame d'argent, puis après recuit au rouge, on les lamine ensemble et elles se soudent parfaitement.

Consommation et exportation du cuivre. — La France consomme annuellement près de 30.000 tonnes de cuivre qui vient presqu'entièrement de l'étranger (surtout d'Angleterre, du Chili et des États-Unis). D'autre part, elle exporte 5 à 6000 tonnes de cuivre travaillé, résultat qui prouve combien ses usines de transformation sont actives et bien outillées.

CHAPITRE IX

MÉTAUX DIVERS

I. Zinc.

Gisements. — Les minerais de zinc sont de deux
espèces différentes. 1° Les *calamines*, où ce métal est
à l'état d'oxyde, peuvent être chargées directement
dans les fours et sont le minerai le plus recherché. On
les rencontre en amas dans des terrains calcaires, il
n'y en a pas de mines exploitées en France. 2° La *blende*
ou sulfure de zinc se trouve en filons souvent avec
d'autres sulfures métalliques. Il faut l'isoler par triage
et préparation mécanique, puis la griller pour la trans-

former en oxyde. Elle donne en général un zinc moins pur, et autrefois on ne l'employait que faute de mieux. Les progrès de la métallurgie et l'épuisement de beaucoup de gîtes de calamine en ont rendu l'usage général.

Il y a actuellement de puissants filons de blende exploités en Provence et dans les Cévennes. Le minerai est préparé, parfois grillé sur place. Mais le traitement métallurgique se fait en Belgique ou en Angleterre.

Extraction. — La métallurgie du zinc est en effet une des plus délicates ; elle exige des installations considérables et consomme beaucoup de combustible. Elle ne peut prospérer que dans des régions où le charbon est à bon marché, et où l'on peut s'assurer pour longtemps des approvisionnements de minerai dans de bonnes conditions.

L'oxyde de zinc est chauffé avec du charbon dans des tubes ou cornues en terre réfractaire, rangés à côté les uns des autres dans de grands fours ; le zinc distille et ses vapeurs sont recueillies dans des condenseurs en tôle fixés à la bouche de chaque cornue. Le travail est très difficile à conduire pour ne pas perdre trop de métal. Aussi, aux conditions matérielles que j'ai indiquées, faut-il réunir la présence d'un personnel exercé, difficile à former. Il n'est pas étonnant que cette industrie soit restée le privilège de quelques régions favorisées.

Il existe cependant en France deux usines à zinc :

celle d'Auby dans le Nord, et celle de Viviez dans l'Aveyron ; elles traitent des calamines importées surtout d'Espagne et de Sardaigne. L'usine de Viviez a été une des premières à faire la réduction de l'oxyde dans de grands fours chauffés par le système Siemens. Cet emploi des fours à gaz a été le seul perfectionnement notable réalisé depuis l'origine de l'industrie du zinc. Il permet de chauffer à une haute température de grandes enceintes, où l'on peut réunir un plus grand nombre de cornues, ce qui réduit un peu la dépense en combustible : en outre on réalise un chauffage plus énergique qui permet de réduire certains minerais, comme les silicates, qui résistaient au traitement dans les fours ordinaires.

Procédés par voie humide. — Il serait très intéressant pour les mines situées loin de tout district houiller, de pouvoir traiter leurs produits sur place. Aussi a-t-on cherché pour le zinc des procédés par voie humide ; il est relativement facile de dissoudre le minerai, mais il n'existe pas de réactif pratique pour précipiter le zinc à l'état métallique de ses dissolutions. L'électricité seule peut atteindre ce but.

On a appliqué dans l'usine Létrange, à Saint-Denis, un procédé consistant à dissoudre l'oxyde de zinc dans l'acide sulfurique, puis à électrolyser le sulfate. Le courant pénètre dans le liquide par des électrodes en charbon : le zinc en poudre se rassemble autour de l'électrode négative. Ce système serait peut-être applicable dans les pays de montagne où les mines se trouveraient voisines de chutes d'eau fournissant l'énergie électrique à bas prix.

Emplois. — Le zinc s'emploie surtout sous forme de feuilles qu'on prépare en laminant des plaques coulées, et qu'on façonne par pliage ou par emboutissage.

Une de ses principales applications, qui a été long-temps la seule, est la fabrication des alliages comme les laitons dont nous avons déjà parlé.

II. Plomb.

Gisements. — La *galène* ou sulfure de plomb se rencontre en filons souvent assez minces dans beaucoup de terrains, mais surtout dans les terrains anciens. C'est peut-être le genre de gisements qui met à la plus rude épreuve la patience et la sagacité du mineur. Les filons se ramifient, s'interrompent, se croisent, se rejet-tent : ils contiennent souvent des parties trop pauvres pour être exploitées : il faut des recherches pénibles pour se rendre compte de leur allure et assurer l'avenir de la mine. Bien des entreprises ont périclité, parce qu'on a exploité les parties riches connues sans songer au lendemain : arrivé au bout, sans avoir fait de recher-ches pour savoir où en retrouver la suite, on se trouvait pour ainsi dire en face d'une nouvelle mine à découvrir et on manquait de ressources et de courage, pour entreprendre des exploitations destinées peut-être à rester longtemps improductives.

Les Allemands sont passés maîtres dans ces travaux difficiles, et ce sont souvent leurs mineurs qui, au XVIIe et au XVIIIe siècle, sont venus mettre en exploitation les mines françaises. Peut-être aurions-nous dans le Plateau Central des districts plombifères aussi importants que ceux du Hartz et de la Saxe, si l'on y avait depuis des siècles consacré autant de dépenses et d'efforts suivis. Il faut dire aussi qu'en Allemagne des usines régies par l'État font de grands sacrifices pour faciliter le développement des mines, pour acheter et traiter des minerais qu'on refuserait ailleurs.

Il y a actuellement trois usines traitant des minerais de plomb en France : à Vialas dans les Cévennes, à Pontgibaud en Auvergne, et à Couéron près Saint-Nazaire (Loire-Inférieure). Plusieurs usines, surtout dans les ports de mer, élaborent ou désargentent des plombs de provenance étrangère.

Extraction. — La métallurgie du plomb n'a subi que des perfectionnements de détail. Le plus souvent le minerai est d'abord grillé, c'est-à-dire chauffé à basse température au contact de l'air dans des fours à réverbère, de manière à transformer le sulfure en oxyde : puis cet oxyde est fondu dans des fours à cuve avec du charbon, pour réduire le métal. On a diminué la dépense de combustible pour le grillage en employant des fours très allongés, où la flamme suit un parcours de 10, parfois même de 20 mètres et peut céder toute sa chaleur avant de sortir dans la cheminée. Ces fours sont naturellement plus froids à leur extrémité que près du foyer : aussi on charge d'abord le minerai au point le plus éloigné de la grille, et on le fait avancer peu à peu vers la région la plus chaude.

Les fours de réduction étaient jadis complètement en maçonnerie, et se rongeaient rapidement. On y a substitué comme pour les minerais de cuivre, des fours légers à parois minces et à revêtements métalliques, qu'on refroidit par des courants d'eau dans leurs parties les plus exposées.

Fabrication des tuyaux. — La baisse de prix qu'a subie le plomb depuis longtemps a déterminé plusieurs usines métallurgiques à le transformer elles-mêmes en produit fini pour en faciliter l'écoulement. On en fait par exemple des tuyaux, avec une machine ingénieuse qui permet de mouler ce métal comme du chocolat. Le plomb est fondu dans une cuve, d'où un piston hydraulique le refoule à travers un orifice annulaire. A mesure qu'il sort par cet orifice, il s'y solidifie sous forme de tube : ce tuyau, très souple, est enroulé sur un tambour qui le tire par une extrémité à mesure qu'il se forme par l'autre.

Désargentation. — Le plomb contient souvent des quantités considérables d'argent; pour l'extraire on employait autrefois la coupellation qui consiste à chauffer le plomb au rouge au contact de l'air; il s'oxyde, l'ar-

gent résiste seul et reste au fond du four d'où on a fait
écouler peu à peu la litharge fondue. Il faut ensuite

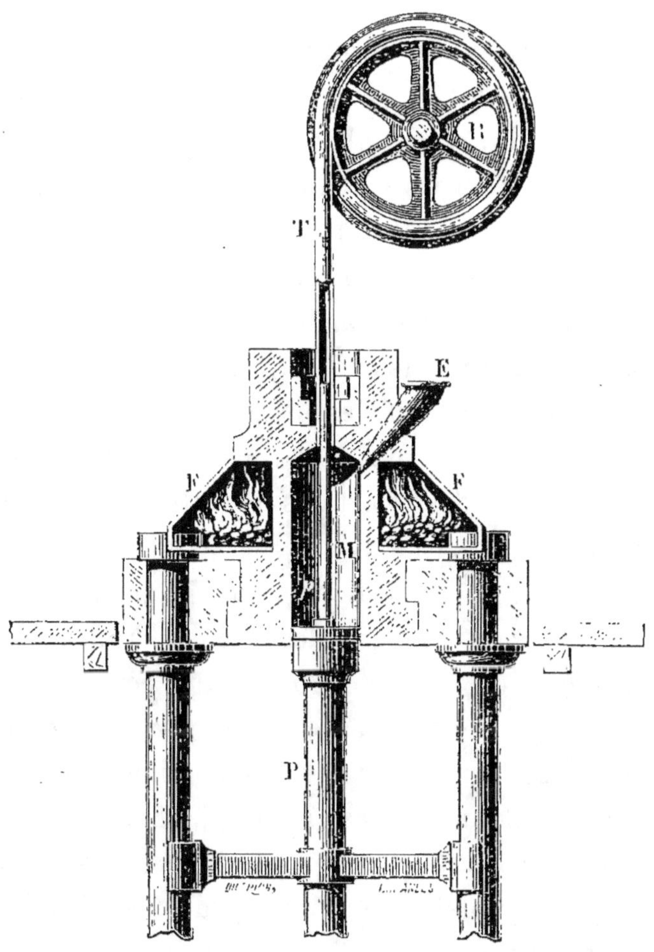

Fig. 59. — Appareil pour l'étirage du plomb.

réduire de nouveau tout cet oxyde pour en retirer le
plomb. Ces opérations sont dispendieuses, et aujourd'hui

on commence par concentrer l'argent dans une partie du plomb, pour n'avoir à coupeller que de petites quantités de ce métal.

Le premier procédé qui ait permis d'obtenir ce résultat a été le pattinsonnage. Si on laisse refroidir lentement le plomb fondu, il cristallise peu à peu : les premiers cristaux qui se forment sont du plomb pur et tout l'argent se concentre dans le résidu liquide. Par une série de cristallisations successives, on arrive à retirer ainsi directement une grande partie du plomb, et on coupelle le reste. Cette méthode a été appliquée longtemps avec succès à Marseille dans les usines Luce et Rozan, Rodrigues-Ely frères. On l'y avait perfectionnée en brassant le bain par des injections de vapeur, ce qui facilite la séparation des cristaux.

Elle a été remplacée depuis par le zincage qui est pratiqué dans la plupart des usines françaises. On brasse le bain de plomb fondu avec un peu de zinc : il se forme à la surface des croûtes d'un alliage moins fusible qui contient tont l'argent combiné avec du zinc et du plomb. Cet alliage est recueilli, chauffé au rouge vif dans des creusets en graphite, de manière à distiller le zinc qui est volatil : les vapeurs de zinc s'échappent par un tuyau adapté au couvercle du creuset, elles vont se condenser dans un récipient où l'on retrouve ainsi la plus grande partie du zinc employé. L'alliage riche de plomb et d'argent qui reste dans les creusets est coupellé.

Moulage des clichés. — Le plomb, en alliage avec l'antimoine et quelques autres métaux, fait la base des caractères d'imprimerie. On emploie un procédé fort ingénieux pour mouler rapidement et reproduire plusieurs fois les compositions destinées au tirage des journaux. Le premier cliché, composé comme à l'ordinaire, est imprimé dans une plaque plastique formé de feuilles de papier superposées, on a ainsi un cartonnage reproduisant en creux la composition, il sert de moule pour faire des clichés définitifs. Ce carton est plié en rond et fixé dans une forme en fonte où on coule du plomb, on obtient alors une plaque de plomb arrondie sur le dos de laquelle sont reproduits en saillie les caractères. C'est cette plaque qu'on fixe sur les cylindres des machines rotatives et qui sert à l'impression.

Plaques coulées. — Les alliages de plomb et d'étain servent pour les tuyaux d'orgue, on les fabrique en roulant et soudant des plaques minces. La préparation de ces plaques est assez curieuse ; on coule le métal en forme de nappe sur une surface plane, où un racloir que fait avancer un petit charriot l'étale à mesure et régularise son épaisseur, cette nappe liquide en se figeant donne une plaque toute faite. Sa grande fusibilité permet de le couler sur des tables en bois, et même sur du carton.

III. Étain

Gisements. — L'oxyde d'étain se trouve dans les roches granitiques et dans les sables formés par leur destruction ; il ne s'y trouve qu'en très petites quantités, on exploite des matières contenant à peine 1 à 2 pour 100 d'étain. Il faut pulvériser et laver des masses énormes de ces sables pour en séparer le minerai utile, qui est beaucoup plus lourd que sa gangue. Cette préparation mécanique forme la partie la plus importante du traitement : une fois l'oxyde d'étain séparé, il est facile de le réduire en le fondant avec du charbon.

Les anciens ont exploité des mines d'étain dans le Limousin et dans la Creuse, où les roches stannifères sont fréquentes. Mais les tentatives faites récemment pour reprendre quelques-unes de ces mines, comme celle de Montebras, ont échoué. Par un destin étrange, la mine d'étain de Montebras a fini en devenant une source de produits pharmaceutiques. On a utilisé non pas le minerai, mais sa gangue granitique, pour en extraire la lithine qui y est assez abondante.

Emplois. — L'étain nous vient surtout d'Angleterre et des Indes hollandaises. On l'emploie en alliage avec le cuivre pour faire les bronzes. On l'emploie seul, ou en alliage avec un peu de plomb, sous forme de plaques et d'objets emboutis ; on le rencontre surtout chez les

marchands de vin, dont il recouvre les comptoirs et
et sert à faire des entonnoirs, des robinets. On préfè-
rerait employer le plomb qui est beaucoup moins cher ;
mais à cause des propriétés vénéneuses des sels de ce
métal, les règlements français exigent que tous les
objets en conctàct avec des boissons en contiennent au
maximum dix pour cent.

On fait aussi avec l'étain des feuilles très minces
pour envelopper des denrées alimentaires. Cette fabrication très délicate est pratiquée par quelques usines
dans le voisinage de Paris ; autrefois on battait ces
feuilles au marteau, aujourd'hui le travail se fait en
grande partie, parfois même entièrement au laminoir ;
on amincit progressivement une plaque d'étain et à la
fin on fait passer entre les rouleaux d'acier des paquets
de feuilles superposées. Il faut un grand soin, des
appareils parfaitement réglés et ajustés pour ne pas
déchirer ces pellicules fragiles.

IV. Antimoine

Gisements. — L'antimoine n'a qu'une consommation très limitée ; c'est un métal cassant qui n'est guère
employé qu'à l'état d'alliage pour durcir le plomb
(caractères d'imprimerie). Il a dû une recrudescence de
faveur à la fureur d'armements qui sévit en Europe.
Les balles des fusils Lebel se font en plomb antimonié.
De ce fait, le prix de l'antimoine a presque doublé ; il y

a quelques années plusieurs mines ont été rouvertes avec succès dans le cap Corse, en Auvergne, etc. Des usines ont été fondées à Brioude.

Extraction. — On commence par enrichir le minerai en séparant le sulfure d'antimoine (qui cristallise en longues aiguilles brillantes) ; autrefois on le fondait à basse température pour le séparer par liquation, aujourd'hui on préfère le trier et l'enrichir le plus possible par préparation mécanique. Le sulfure est ensuite fondu avec du fer dans des creusets ou dans des fours à réverbère ; le fer se combine au soufre, et l'antimoine fondù se rassemble au fond.

Depuis quelques années on emploie en Auvergne un procédé nouveau pour utiliser les minerais pauvres. On les fond dans un cubilot où l'antimoine se volatilise complètement. Ce métal à l'état d'oxyde est recueilli dans les conduites par où s'échappent les gaz ; on hâte la condensation des poussières par des injections de vapeur d'eau. Cet oxyde riche peut être réduit en le chauffant avec du charbon dans des creusets ; l'usure des creusets est beaucoup moins grande que dans le mode de traitement ordinaire où il faut une température plus élevée.

V. Métaux précieux.

La France ne possède pas de mines d'or, ni d'argent. Quoique nos fleuves n'aient pas cessé de rouler quelques rares paillettes d'or, l'industrie des orpailleurs qui lavaient patiemment les sables pour récolter à la fin de leur journée une pincée de la poudre précieuse a cessé d'être rémunératrice. Cependant plusieurs ingénieurs français ont apporté leur contribution à l'étude des problèmes délicats que soulève le traitement souvent très difficile de ces minerais.

Traitement des minerais difficiles. — La question qui offre le plus d'intérêt actuel est l'emploi des minerais rebelles à l'amalgamation. On sait que la méthode la plus usitée pour extraire l'or consiste à triturer le minerai en poudre avec du mercure auquel l'or se combine. Mais dans beaucoup de minerais, l'or et l'argent engagé dans certains composés comme les sulfures, les arséniures, les tellurures, refuse de s'amalgamer.

Rivot a proposé de griller ces minerais en présence de la vapeur d'eau, qui détruit les composés en question; il est malheureusement difficile en pratique de provoquer un contact assez intime entre le minerai et la vapeur.

En Amérique, on emploie beaucoup l'attaque par le chlore gazeux qui transforme l'or en chlorure soluble : cette méthode est encore un peu coûteuse.

Au Transwaal, on lessive les résidus de l'amalgamation avec du cyanure de potassium, qui dissout une grande partie de l'or restant. On précipite ensuite l'or par le zinc.

Dessignolle a expérimenté à Paris un procédé consistant à triturer les minerais dans une dissolution de bichlorure de mercure, avec des balles de fer. Le mercure naissant, précipité par le fer, agit plus énergiquement pour amalgamer l'or. Cette méthode, qui a été appliquée en Hongrie, ne réussit pas également bien pour tous les minerais.

Traitement par électrolyse. — C'est peut-être encore l'électricité qui fournira la solution définitive. En faisant passer un courant puissant à travers une dissolution de sel marin, il se dégage au pôle positif du chlore naissant qui attaque tous les minéraux de l'or.

Le métal se dissout et va se précipiter au pôle négatif. On a proposé divers appareils pour traiter ainsi des grandes masses de minerai. Le procédé aurait l'avantage de n'exiger qu'un réactif banal et de pouvoir s'installer partout où l'on disposerait de forces motrices.

VI. Platine.

Le platine est de beaucoup le plus rare de tous les métaux, du moins de ceux qui jouent un rôle dans l'industrie. La production annuelle ne dépasse pas 4000 à 5000 kilogrammes, dont la France consomme 1000 à 1500. — Comme prix, il ne le cède qu'à l'or : il vaut aujourd'hui 2000 francs le kilogramme.

Gisement et extraction. — Ce métal est fourni

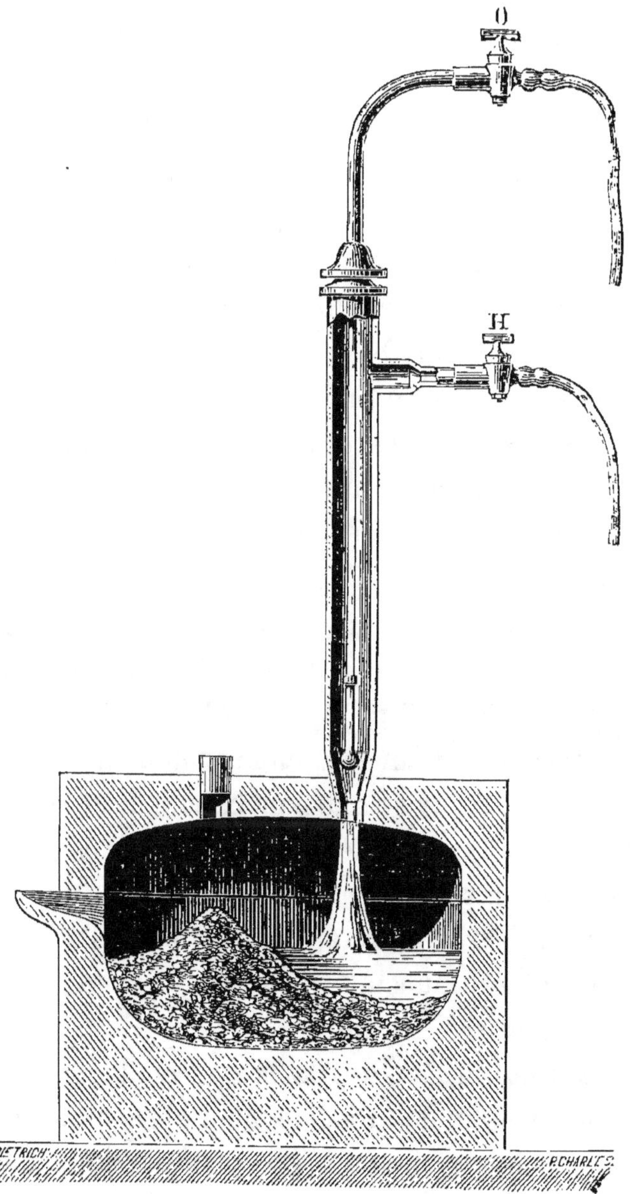

Fig. 60. — Fusion du platine.

exclusivement par la Russie : on le trouve en grains dans certains sables de l'Oural ; sa grande densité permet de l'en séparer par lavage. La principale difficulté est de le fondre, il résiste aux températures de tous les fourneaux industriels. Autrefois on l'isolait par des procédés chimiques, et on agglomérait par la pression la poussière chauffée à blanc. Les travaux de Sainte-Claire Deville ont transformé la métallurgie du platine. On le fond maintenant avec la flamme d'un chalumeau alimenté par un mélange d'hydrogène et d'oxygène dans des fours en chaux (fig. 60), seule matière qui résiste à ces températures extrêmes.

Emplois. — Le platine doit son utilité à cette qualité d'être à peu près infusible et de plus inattaquable par tous les acides, sauf l'eau régale. Son plus grand emploi industriel était naguère la fabrication de cornues pour concentrer l'acide sulfurique : on a récemment augmenté la résistance de ces cornues en les doublant d'or.

Le platine a trouvé un débouché plus important dans les anodes des lampes électriques à incandescence : ce sont de petits fils de platine qui transmettent le courant à travers le verre. Cette application nouvelle a suffi à faire remonter beaucoup le cours du métal, dont les gisements sont si restreints.

Métaux connexes du platine. — On trouve avec le platine des métaux de la même famille (rhodium, rhutinium, chloridium, osmium) en quantités très faibles. Ils sont plus infusibles encore, et on ne les connaissait guère qu'à l'état d'éponges. M. Moissan a montré qu'on arrivait à les fondre parfaitement au four électrique. L'iridium à petites doses peut être ajouté au platine pour le durcir.

VII. **Statistique des métaux.**

Le tableau suivant permet de juger de l'importance relative des principaux métaux au point de vue commercial.

PRODUCTION MOYENNE DU MONDE ENTIER		FRANCE		
	tonnes	Production	Importation	Exportation
Fer	20.000 000	1.500.000	100.000	300.000
Plomb . . .	600.000	5.000	70.000	10.000
Zinc	360.000	20.000	30.000	5.000
Cuivre . .	300.000	2.000	6.000	5.000
Étain . . .	30.000	»	600	900
Nickel . . .	10.000	(?) 500	»	100
Argent . . .	4.000	70	»	»
Antimoine . .	1.500	850	»	»
Aluminium . .	500	(?) 120	»	»
Or.	180	»	»	»
Platine . . .	5	»	»	»

Au point de vue de la valeur totale, les métaux se rangeraient dans l'ordre suivant :

	PRIX MOYEN de la tonne	VALEUR TOTALE
Fer et acier . . .	200	4.000.000.000
Argent	150.000	600.000.000
Or	3.000.000	540.000.000
Cuivre	1.400	120.000.000
Plomb	400	240.000.000
Zinc	500	180.000.000
Etain	3.000	90.000 000
Nickel	6.000	90.000.000
Platine	2.000.000	10.000.000
Antimoine . . .	1.200	1.800.000
Aluminium . . .	6.000	720.000

On voit que le fer garde encore la première place
malgré son bas prix. Les métaux précieux ne viennent
que bien après lui.

CHAPITRE X

INDUSTRIES D'ART

Industries d'art. — Pièces repoussées ou forgées. — Fonte à cire perdue. — Moulage des zincs d'art. — Orfevrerie. — Procédés galvanoplastiques. — Gravure et damasquinure électriques.

Le travail des métaux n'a pas seulement un intérêt utilitaire. De tout temps on en a tiré un grand parti pour l'ornementation. Dans cette branche qu'on peut appeler la métallurgie artistique, le génie français a toujours excellé : depuis quelque temps, les arts décoratifs ont pris chez nous un nouvel essor : c'est une sorte de re-naissance dont ils nous donnent le spectacle.

Les progrès de l'industrie leur avaient d'abord été plus nuisibles qu'utiles. En mettant par les procédés économiques le luxe à la portée d'un plus grand nom-bre, ils avaient un peu entraîné ces arts dans la banalité.

Les fabricants, cherchant à profiter de ces débouchés

faciles, trouvaient plus simple de multiplier les reproductions que de faire, pour créer du nouveau, des efforts qui n'auraient peut-être pas été récompensés. Les artistes s'étaient habitués à considérer la décoration comme un art inférieur et ne daignaient pas s'en préoccuper.

Aujourd'hui, le goût général s'est affiné, des hommes éminents se sont voués à la rénovation et à l'enseignement des arts décoratifs. On a compris qu'il n'y a pas d'arts inférieurs, que tous les moyens d'exprimer le beau méritent d'être étudiés, que chacun d'eux offre ses ressources spéciales, qu'il faut les connaître pour en tirer parti, et que c'est faire œuvre d'artiste que de combiner des formes appropriées aux substances qu'on veut employer, aux procédés de travail qu'elles comportent plutôt que de livrer aux ouvriers des dessins et des modèles sans se préoccuper de la manière dont ils seront reproduits.

Le Conseil de perfectionnement du Conservatoire des Arts et Métiers, s'associant à ce mouvement, a proposé naguère la création d'une chaire d'arts appliquée aux métiers ; ce vœu n'a pas encore reçu son exécution : on a jugé plus urgent de créer une chaire d'économie sociale. Espérons que ce ne sera qu'un ajournement aux vœux du Conseil.

La France a toujours excellé dans les industries d'art à certaines époques elle en a eu presque le monopole. Nos ouvriers parisiens ont un goût naturel qu'il suffit de guider ou de stimuler pour faire d'eux les premiers artisans du monde. On ne comprend pas que depuis longtemps on n'ait pas mis à leur portée un enseignement auquel ils offriraient un terrain si fécond.

Même en se plaçant au point de vue social, n'est-ce pas rendre service à la société entière que de conserver à notre pays la supériorité dans des industries où il a si souvent brillé et qui lui assurent des débouchés importants à l'étranger ?

Perfectionner les ouvriers dans leur métier, n'est-ce pas un moyen d'améliorer leur sort et de diminuer chez eux les causes de mécontentement ? L'étude de l'art est éminemment propre à élever l'esprit, à adoucir le caractère. L'amour du beau, sous quelque forme qu'il se présente, est pour l'homme la source des jouissances les plus pures, de celles qu'on conserve toute la vie, et que pauvres et riches peuvent goûter aussi largement.

Ouvrir ce domaine à la classe ouvrière, développer chez elle le sens de l'esthétique, ne serait-ce pas lui rendre un service aussi grand, plus certain peut-être que celui de l'initier à un genre d'études fort attachant sans doute pour les penseurs, mais hasardeux et décevant, où l'on voit les meilleurs esprits errer et se débattre au milieu des obscurités, des contradictions, sans posséder encore le fil conducteur d'une méthode sûre, ni l'appui d'une doctrine solide ?

L'étude des industries d'art exigerait à elle seule un

volume : je me bornerai à signaler quelques-unes des branches où notre industrie parisienne s'est signalée par des progrès récents ou par des œuvres remarquables.

Fig. 61. — Panneau de la chapelle des Condé, à Chantilly.

Pièces repoussées ou forgées. — L'industrie du repoussé rend de grands services à la décoration monumentale. La figure 62 représente une des statues de chevalier en cuivre repoussé, faites pour l'Hôtel de Ville par M. Monduit.

Cette maison fait aussi des repoussés en plomb : on s'en sert surtout pour des épis, des couronnements de toiture. Le plomb, par sa mollesse et son aspect gras, se prête à des effets tout différents de ceux du cuivre.

La serrurerie d'art, qui a produit tant de merveilles au moyen âge et à l'époque de la Renaissance, est brillamment représentée à Paris par plusieurs maisons.

La figure 61 montre un panneau de la chapelle des Condé à Chantilly fabriqué par MM. Moreau.

Fonte à cire perdue. — La fonte des statues est une des industries qui intéressent le plus l'artiste.

Le moulage en cire perdue qui avait été un peu abandonné, parce qu'il est long et dispendieux, a été remis en honneur et est très apprécié des sculpteurs français. Il permet de reproduire sans retouche aucune l'œuvre de l'artiste, le résultat est le même que si le sculpteur avait lui même ciselé et modelé le bronze. J'ai pu voir pratiquer ce procédé chez un des fondeurs les plus habiles de Paris, chez MM. Thiébaut. La figure 63 représente un moulage en cire perdue dont nous sommes heureux de reproduire un spécimen.

Pour fondre une statue, le système ordinaire consiste à former le moule en plusieurs pièces, de manière qu'il puisse se démonter : ces pièces sont en sable battu sur un modèle. A l'intérieur, on place un noyau qui suit grossièrement les formes du moule : ce noyau est fait lui-même en battant du sable dans le moule où l'on a placé une carcasse en fil de fer, une sorte de maquette destinée à soutenir le bloc de sable.

Ce bloc est gratté pour réserver l'épaisseur du métal ; on assemble autour de lui les pièces qui forment le moule et dans le vide mince qui reste entre les deux, on coule le bronze.

Le raccord des différentes pièces ne peut être parfait : les joints restent tracés sur le bronze par des iné-

Fig. 62. — Chevalier de l'Hôtel de Ville, en cuivre repoussé,
Exécuté par M. Monduit,

Fig. 63. — Moulage en cire perdue.
Exécuté par MM. Thiébaut frères.

galités qu'il faut faire disparaître. Le moulage doit donc être retouché par un ciseleur.

L'emploi de la cire perdue permet de faire le moule d'une seule pièce (fig. 63). Le premier moule, préparé comme d'ordinaire, ne sert que d'intermédiaire pour y battre le noyau. Ce noyau est gratté, puis recouvert d'une couche de cire qui remplace le sable enlevé : il forme alors une reproduction presque exacte du premier modèle. — Le sculpteur la retouche en grattant la cire ou en la rechargeant : on a ainsi un second modèle qui sort directement des mains de l'artiste ; c'est lui qui sera reproduit rigoureusement et sans retouches par le bronze.

Pour cela, on bat du sable autour de ce modèle et on constitue le moule définitif, qui est fait d'un seul bloc de sable. Ce moule ne pouvant se démonter, il n'est plus possible d'en retirer le modèle ; mais il n'y a qu'à porter tout l'ensemble à l'étuve ; la cire fond et s'écoule : une fois disparue elle laisse entre le noyau qui lui servait de support et le bloc de sable qu'on avait battu sur elle un vide où l'on coulera le bronze fondu. Ce bronze viendra remplacer la cire, et en reproduira sans aucune différence les formes extérieures : il sera tel que le sculpteur l'aurait fait s'il avait fait pu pétrir le métal de ses propres mains.

M. Gonon a appliqué avec une véritable maëstria ces procédés à la fonte du grand bas-relief de M. Dalou, réprésentant Mirabeau aux États-Généraux. Cette œuvre gigantesque mesure 6^m,50 sur 2^m,56, et pèse près de 4 tonnes. Il a fallu plus de cinq ans pour en achever l'exécution (dont un an pris par les retouches du sculpteur). Ce délai n'est pas considérable, si on le compare au temps qu'a exigé autrefois le moulage de grandes statues équestres, qui a duré plus de dix ans et quelquefois jusqu'à vingt ans. Il s'explique par le soin minutieux qu'il faut apporter aux moindres détails, sous peine de compromettre d'une manière irrémédiable la réussite, par la nécessité de construire des installations spéciales, de faire sécher lentement chaque pièce, etc.

Moulage au renversé. — En face de ce genre de moulage qui est le dernier mot de l'art, je signalerai le procédé éminemment industriel qui sert à faire en zinc des reproductions de statuettes à bon marché. Comme il s'agit alors de tirer un grand nombre d'exemplaires, on emploie un moule durable, coulé une fois pour toutes en fonte. Ce moule est en plusieurs pièces démontables : on y verse le zinc fondu, puis au bout d'un instant, on le fait basculer et on reverse le zinc dans la poche de coulée ; la partie qui était en contact avec les parois froides s'est solidifiée, elle forme une croûte plus ou moins épaisse suivant le temps qu'on lui a laissé pour se refroidir ; on la retire en démontant le moule ; on a ainsi en quelques minutes un exemplaire de la statuette et le moule remonté peut en fournir autant qu'on veut. Le zinc devenant très fluide à une température relativement basse se prête bien à ce moulage expéditif.

Orfèvrerie. — L'orfèvrerie était jadis un art luxueux, dont les œuvres rares et coûteuses, n'étaient pas à la portée du plus grand nombre. Elle s'est transformée par le développement d'un outillage mécanique, qui permet la fabrication industrielle de tous les objets ordinaires. L'emboutissage, le repoussé au tour, sont les deux procédés qui servent de base à ces travaux. Pour les objets d'ornement, plusieurs méthodes de reproduction rapide permettent d'en faire économiquement des copies aussi parfaites que le modèle. Ces progrès n'ont pas fait négliger l'invention artistique : il y a en France plusieurs maisons qui cherchent sans cesse à produire de nouvelles formes, à combiner de nouveaux motifs d'ornementation et qui produisent des œuvres capables de rivaliser avec les plus élégantes que nous aient laissées les anciens orfèvres. Bien employés, les perfectionnements mécaniques deviennent, non seulement un moyen de vulgarisation, mais un auxiliaire précieux pour l'artiste, car ils permettent de traduire plus facilement et plus fidèlement ses conceptions ; ils lui fournissent aussi des motifs nouveaux par la reproduction exacte de la nature.

La maison Christofle nous montre en France le type le plus complet de l'orfèvrerie avec ses deux branches différentes. A côté de grandes usines pourvues de l'outillage le plus puissant pour les fabrications courantes, elle possède des ateliers d'artistes d'où sortent chaque année de nouveaux chefs-d'œuvre.

On y a imaginé une foule de procédés ingénieux pour réaliser automatiquement la reproduction en métal, soit de dessins ou de modèles, soit d'objets naturels. Ainsi, on y frappe directement sur l'acier l'empreinte de plantes, de feuilles, etc.

Fɪɢ. 64. — Buste reproduit par le procédé Pellecat.

Procédés galvanoplastiques — Nous retrouvons encore, dans cet art, l'intervention de l'électricité. On sait que la maison Christofle a été le berceau de la galvanoplastie : elle n'a cessé d'en étendre le domaine.

Elle réalise maintenant la reproduction fidèle et rigoureuse d'une œuvre d'art ou d'un modèle en terre livré par un sculpteur au moyen du procédé Pellecat. On verse, sur l'objet à reproduire, de la gutta-percha

18.

fondue et rendue bien fluide par chauffage à 150 degrés. Elle se solidifie en croûte mince, qui se moule exactement sur le modèle et forme un creux parfait, reproduisant les finesses les plus délicates. Le modèle même fragile n'est nullement altéré, car il ne subit aucune pression (fig. 65). S'il s'agit d'une œuvre d'art à copier,

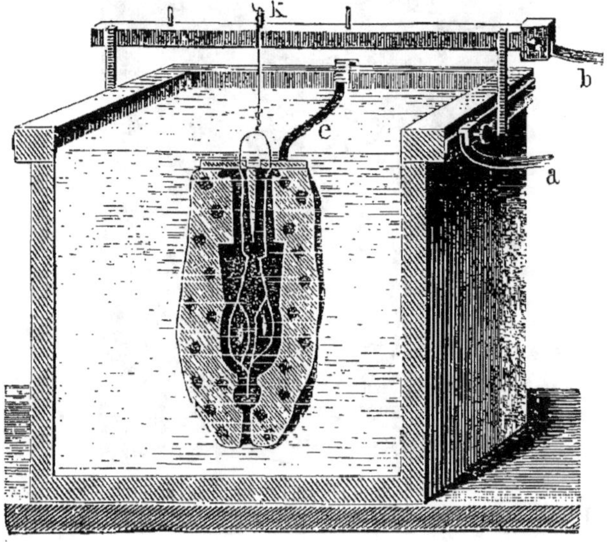

FIG. 65. — Reproduction d'une ronde-bosse.

on fait le creux en un grand nombre de pièces pour les retirer facilement, et on le remonte ensuite ; s'il s'agit d'un modèle fait exprès en terre, on enlève la terre en la délayant dans l'eau. Le creux ainsi préparé est enduit de plombagine à l'intérieur (pour conduire l'électricité) ; on y introduit une carcasse de fils de plomb qui sert d'anode pour l'entrée du courant, et on obtient un galvano identiquement pareil au modèle.

La galvanoplastie permet aussi de mouler directement en métal des objets naturels.

On peut produire un dépôt métallique sur des objets
quelconques, à condition de recouvrir leur surface
d'une couche conductrice en plombagine. Ce procédé
ne convient pas aux objets trop délicats. On a indiqué
divers moyens de lever cette difficulté en métallisant la
surface par des procédés chimiques.

M. Cazeneuve plonge la pièce dans de l'alcool mé-
thylique avec 10 pour 100 d'azotate d'argent et
3 pour 100 d'acide azotique. Puis on l'expose successivement à des vapeurs d'ammoniac et à des vapeurs
mercurielles : on obtient ainsi une couche d'amalgame
régulière.

M. Hochin procède par immersion dans le collodion
ioduré, puis dans l'azotate d'argent : on expose ensuite
à la lumière pendant quelques secondes et on réduit
l'argent par l'action d'un bain de sulfate ferreux acidulé
par l'acide azotique.

Les objets les plus fins, comme des fleurs, des
insectes, ainsi préparés, peuvent être cuivrés par les
procédés ordinaires.

Gravure et damasquinure électrique. —
MM. Christofle se servent aussi de l'électricité pour
reporter et graver des dessins sur des plaques métalliques. L'outil du graveur est actionné par un courant,
et relié à une pointe qu'on promène sur un cylindre
verni où le dessin a été tracé en creux, chaque fois que

la pointe passant sur une ligne du dessin est en contact avec le métal, le courant se transmet, le burin mis en mouvement creuse la plaque métallique qu'il s'agit de graver et reproduit le dessin.

Lorsqu'on a gravé en creux une plaque métallique préalablement recouverte d'un vernis non conducteur, on peut la mettre dans le bain électrolytique ; le dépôt ne se ferme que sur les parties entamées par la gravure, on fait ainsi des damasquinures en déposant sur telle ou telle part des dessins de l'or ou de l'argent à volonté.

Ces procédés n'offrent pas seulement l'intérêt industriel d'être rapides. Ils ont aussi, pour l'artiste, l'avantage de donner des reproductions parfaites. Il est rare qu'une pièce en métal soit exécutée par le même homme qui l'a conçue : l'auteur fournit des dessins, des modèles, que copient des ouvriers habiles. Ne vaut-il pas mieux pour lui avoir sous la main un serviteur fidèle qui traduit sa pensée sans l'altérer ?

D'autre part, en fixant telles quelles les formes de la nature, ces tours de main ingénieux peuvent rendre à l'orfèvre les mêmes services que la photographie au peintre : le secours qu'ils lui donnent a peut-être même plus de valeur artistique. Car le peintre s'applique le plus souvent à rendre des effets fugitifs et variables, des objets mobiles : dans ces conditions, la reproduction photographique n'a qu'une exactitude illusoire. L'image immobile d'un modèle animé ne peut pas traduire réellement l'effet qu'il produit sur nos yeux.

Fig. 66. — Cep de vigne reproduit par la galvanotypie.

L'orfèvre cherche à rendre des formes plutôt que des effets : les objets élégants qu'il nous montre sont faits le plus souvent pour être vus immobiles ; et dans ce cas la reproduction rigoureuse de la nature prend un intérêt réel et peut parfois être supérieure à la copie la plus parfaite.

FIN

TABLE ALPHABÉTIQUE

FIN DE LA TABLE ALPHABÉTIQUE

TABLE DES MATIÈRES

FIN DE LA TABLE DES MATIÈRES

DICTIONNAIRE D'ÉLECTRICITÉ
ET DE MAGNÉTISME
COMPRENANT
LES APPLICATIONS AUX SCIENCES, AUX ARTS ET A L'INDUSTRIE
Par Julien LEFÈVRE
Agrégé des sciences physiques
Avec la collaboration de professeurs, d'ingénieurs et d'électriciens
Introduction par M. BOUTY
Professeur à la Faculté des sciences de Paris

Un volume grand in-8 à deux colonnes d'environ 1000 pages avec environ 1125 figures intercalées dans le texte. . . . . . . 25 fr.

Le *Dictionnaire d'Électricité et de Magnétisme* est une véritable encyclopédie électrique, où le lecteur trouvera un exposé complet des principes admis aujourd'hui, ainsi que la description de toutes les applications.

La plus large part a été faite aux applications si nombreuses de l'électricité et du magnétisme à l'industrie, aux chemins de fer.

Le *Dictionnaire d'Électricité et de Magnétisme*, composé et imprimé tout entier en moins de dix-huit mois, écrit immédiatement après l'Exposition universelle de 1889, est le seul ouvrage de ce genre qui soit au courant des découvertes les plus nouvelles et qui fasse connaître les appareils et les applications qui se sont produits récemment, tant en France qu'à l'étranger.

NOUVEAU DICTIONNAIRE DE CHIMIE
COMPRENANT
Les applications aux Sciences, aux Arts, à l'Agriculture et à l'Industrie
A L'USAGE DES INDUSTRIELS, DES FABRICANTS DE PRODUITS CHIMIQUES
DES AGRICULTEURS, DES MÉDECINS, DES PHARMACIENS, DES LABORATOIRES MUNICIPAUX
DE L'ÉCOLE CENTRALE, DE L'ÉCOLE DES MINES, DES ÉCOLES DE CHIMIE, ETC.
Par Émile BOUANT
Agrégé des sciences physiques, professeur au lycée Charlemagne
Avec une introduction par M. TROOST (de l'Institut)

1889, 1 volume in-8 de 1160 pages, avec 650 figures. . . . 25 fr.

L'auteur s'est astreint à rester sur le terrain de la chimie pratique.

Les préparations, les propriétés, l'analyse des corps usuels sont indiquées avec les développements nécessaires. Les fabrications industrielles sont décrites de façon à donner une idée précise des méthodes et des appareils.

Il fallait, tout en restant scientifique, dégager les faits des termes trop spéciaux et des théories hypothétiques. L'auteur a surmonté ces deux difficultés.

Le style est d'une élégante précision et les développements sont proportionnels à l'importance pratique du sujet traité. On trouvera là, à chaque page, sur les applications des divers corps, des renseignements qu'il faudrait chercher dans cent traités spéciaux qu'on a rarement sous la main.

Cet ouvrage a donc l'avantage de présenter un tableau complet de l'état actuel de la science.

ENVOI FRANCO CONTRE UN MANDAT SUR LA POSTE

LES INDUSTRIES D'AMATEURS

LE PAPIER ET LA TOILE, LA TERRE, LA CIRE, LE VERRE ET LA PORCELAINE, LE BOIS, LES MÉTAUX

Par H. de GRAFFIGNY

1 vol. in-16, de 365 pages, avec 395 figures, cartonné. . . **4 fr.**

Cartonnages; papiers de tenture; encadrements; masques; brochage et reliure; fleurs artificielles; aérostats; feux d'artifices : modelage; moulage; gravure sur verre; peinture de vitraux; mosaïques; menuiserie; tour; découpage du bois; marqueterie et placage : serrurerie; gravure en taille-douce; mécanique; électricité; galvanoplastie; horlogerie.

L'ART DE L'ESSAYEUR

Par A. RICHE
Directeur des essais à la Monnaie de Paris.
Et E. GÉLIS
Ingénieur des Arts et Manufactures.

1 vol. in-16, de 384 pages, avec 94 figures, cartonné. . . **4 fr.**

Principales opérations : fourneaux; vases; connaissances théoriques générales; agents et réactifs : argent; or; platine; palladium; plomb; mercure; cuivre; étain; antimoine; arsenic; nickel; cobalt; zinc; aluminium; fer

MONNAIE, MÉDAILLES ET BIJOUX

ESSAI ET CONTROLE DES OUVRAGES D'OR ET D'ARGENT

Par A. RICHE
Directeur des essais à la Monnaie de Paris

1 vol. in-16, de 396 pages, avec 66 figures, cartonné. . . **4 fr.**

La monnaie à travers les âges; les systèmes monétaires : l'or et l'argent; extraction; affinage; fabrication des monnaies; la fausse monnaie; les médailles et les bijoux jusqu'à la fin du xviiie siècle et sous le régime actuel; la garantie et le contrôle en France et à l'étranger.

L'ÉLECTRICITÉ A LA MAISON

Par Julien LEFÈVRE
Professeur à l'École des sciences de Nantes.

1 vol. in-16, de 396 pages, avec 200 figures, cartonné.. . **4 fr.**

Production de l'électricité; piles; accumulateurs; machines dynamos; lampes à incandescence; régulateurs; bougies; allumoirs; sonneries; avertisseurs automatiques; horlogeries; réveille-matin; compteurs d'électricité; téléphones et microphones; moteurs; locomotion électrique; bijoux; récréations électriques; paratonnerres.

ENVOI FRANCO CONTRE UN MANDAT SUR LA POSTE

CHIMIE

LE LAIT
ÉTUDES CHIMIQUES ET MICROBIOLOGIQUES
Par DUCLAUX

Professeur à la Faculté des sciences de Paris, membre de l'Institut.

1 vol. in-16 de 336 pages, avec figures. . . . . . . 3 fr. 60

LES THÉORIES ET LES NOTATIONS DE LA CHIMIE
MODERNE
Par Antoine de SAPORTA

Introduction par C. FRIEDEL, membre de l'Institut

1 vol. in-16. . . . . 3 fr. 50

LA COLORATION DES VINS
PAR LES COULEURS DE LA HOUILLE. MÉTHODES ANALYTIQUES ET MARCHE SYSTÉMATIQUE POUR RECONNAITRE LA NATURE DE LA COLORATION
Par P. CAZENEUVE

Professeur à la Faculté de Lyon.

1 vol. in-16, avec 1 planche. . . . . 3 fr. 50

FERMENTS ET FERMENTATIONS
ÉTUDE BIOLOGIQUE DES FERMENTS. ROLE DES FERMENTATIONS DANS LA NATURE ET DANS L'INDUSTRIE
Par Léon GARNIER

Professeur à la Faculté de Nancy.

1 vol. in-16, avec 65 figures. . . . . 3 fr. 50

L'ALCOOL
AU POINT DE VUE CHIMIQUE, AGRICOLE, INDUSTRIEL, HYGIÉNIQUE ET FISCAL
Par A. LARBALETRIER

Professeur à l'École d'agriculture du Pas-de-Calai

1 vol. in-16, avec 62 figures. . . . . 3 fr. 50

ENVOI FRANCO CONTRE UN MANDAT POSTAL

ASTRONOMIE, MÉTÉOROLOGIE
SCIENCES OCCULTES

LES SCIENCES OCCULTES
LA MAGIE, LES SONGES, LE CALCUL DES PROBABILITÉS, LES PRESSENTIMENTS

Par G. PLYTTOF

1 vol. in-16 avec figures.. . . . . 3 fr. 50

PHÉNOMÈNES ÉLECTRIQUES DE L'ATMOSPHÈRE

Par Gaston PLANTÉ
Lauréat de l'Institut.

1 vol. in-16, avec 50 figures. . . . . 3 fr. 50

L'auteur cherchait à étudier et à expliquer les éclairs, cette forme axtraordi-
naire de la foudre ; il est arrivé à trouver la solution du problème, lorsqu'il a eu
entre les mains une source d'électricité pouvant donner des effets différents de
ceux des machines ordinaires de l'électricité statique : il obtint ainsi l'*agrégation
globulaire* d'un liquide électrisé autour d'un conducteur, puis le *globule de
feu*, et enfin la *foudre globulaire*, la *grêle*, les *trombes* et les *aurores polairese*
Ce sont ces analogies et leurs conséquences que l'auteur a développées et qui
jettent un grand jour sur la théorie de ces phénomènes naturels.

LA PRÉVISION DU TEMPS
ET LES PRÉDICTIONS MÉTÉOROLOGIQUES

Par G. DALLET

1 vol. in-16 de 336 pages, avec 38 figures. . . . . . . 3 fr. 50

LES MERVEILLES DU CIEL

Par G. DALLET

1 vol. in-16, avec 80 figures. . . . . 3 fr. 50

ENVOI FRANCO CONTRE UN MANDAT POSTAL

PHYSIQUE

LE MICROSCOPE

ET SES APPLICATIONS A L'ÉTUDE DES ANIMAUX ET DES VÉGÉTAUX

Par Ed. COUVREUR

Chef des Travaux de physiologie à la Faculté des Sciences de Lyon.

1 vol. in-16, avec 112 figures. . . . . 3 fr. 50

LA LUMIÈRE ET LES COULEURS

AU POINT DE VUE PHYSIOLOGIQUE

Par Aug. CHARPENTIER

Professeur à la Faculté de Nancy.

1 vol. in-16, avec 22 figures. . . . . 3 fr. 50

LES COULEURS

AU POINT DE VUE PHYSIQUE, PHYSIOLOGIQUE, ARTISTIQUE
ET INDUSTRIEL

Par E. BRUCKE

Professeur à l'Université de Vienne.

1 vol. in-16 de 344 pages, avec 46 figures. . . . . . 3 fr. 50

LES ANOMALIES DE LA VISION

Par IMBERT

Professeur à la Faculté de Montpellier

Introduction par **E. JAVAL**, membre de l'Académie de médecine.

1 vol. in-16 de 363 pages, avec 48 figures. . . . . . 3 fr. 50

ART MILITAIRE

L'ARTILLERIE ACTUELLE

EN FRANCE ET A L'ÉTRANGER,
CANONS, FUSILS, POUDRES ET PROJECTILES

Par le Colonel GUN

1 vol. in-16, avec 96 figures. . . . . 3 fr. 50

L'ÉLECTRICITÉ

APPLIQUÉE A L'ART MILITAIRE

Par le Colonel GUN

1 vol. in-16, avec figures. . . . . 3 fr. 50

ENVOI FRANCO CONTRE UN MANDAT POSTAL

INDUSTRIE

LA LUMIÈRE ÉLECTRIQUE
GÉNÉRATEURS, FOYERS, DISTRIBUTION, APPLICATIONS
Par L. MONTILLOT
Directeur de télégraphie militaire.

1 vol. in-16 de 406 pages, avec 190 figures. . . . . . 3 fr. 50

LA TÉLÉGRAPHIE ACTUELLE
EN FRANCE ET A L'ÉTRANGER
LIGNES, RESEAUX, APPAREILS, TÉLÉPHONES
Par L. MONTILLOT
Directeur de télégraphie militaire.

1 vol. in-16 de 334 pages, avec 131 figures. . . . . . 3 fr. 50

LA PHOTOGRAPHIE
ET SES APPLICATIONS AUX SCIENCES, AUX ARTS ET A L'INDUSTRIE
Par Julien LEFÈVRE
Professeur à l'École des sciences de Nantes

1 vol. in-16, avec 93 figures et 3 photographies. . . 3 fr. 50

LA GALVANOPLASTIE
LE NICKELAGE, LA DORURE, L'ARGENTURE
ET L'ÉLECTRO-MÉTALLURGIE
Par E. BOUANT
Agrégé des sciences physiques.

1 vol. in-16, avec 34 figures. . . . . 3 fr. 50

LA NAVIGATION AÉRIENNE
ET LES BALLONS DIRIGEABLES
Par H. de GRAFFIGNY

1 vol. in-16 de 344 pages, avec 43 figures. . . . . 3 fr. 50

ENVOI FRANCO CONTRE UN MANDAT POSTAL

AGRICULTURE

LA TRUFFE

ÉTUDE SUR LES TRUFFES ET LES TRUFFIÈRES

Par le docteur FERRY de la BELLONE

1 vol. in-16, avec 21 figures et 1 eau-forte de P. VAYSON.   3 fr. 50

Table des matières. — I. Historique. — II. Nature de la Truffe. — III. Moyens d'étude, technique micrographique, étude histologique. — IV. Organisation générale de la truffe. — V. Variétés culinaires, commerciales et botaniques. — VI. Classification. — VII. Description des différentes espèces. — VIII. Usages. — IX. Truffières naturelles, truffières artificielles. — X. Création des truffières artificielles. — XI. Influence des terrains, de l'air, de la lumière, etc. — XII. Truffes d'été et truffes d'hiver. — XIII. Récolte. — XIV. Commerce des truffes. — XV. La truffe devant les tribunaux.

LES ABEILLES

ORGANES ET FONCTIONS, ÉDUCATION ET PRODUITS, MIEL ET CIRE

Par Maurice GIRARD

Président de la Société entomologique de France.

Troisième édition.

1 vol. in-16, avec 85 figures. . . . . 3 fr. 50

Table des matières. — Anatomie et Physiologie des trois formes de l'abeille domestique. — Architecture des abeilles. — Œufs, larves et nymphes. — Vol des abeilles. — Population des ruches. — Essaims et essaimage. — Ruches. — Miel et cire. — Maladies des abeilles. — Ennemis des abeilles. — Distribution géographique de l'abeille. — Les abeilles devant la loi.

LA VIGNE ET LE RAISIN

HISTOIRE BOTANIQUE ET CHIMIQUE, EFFETS PHYSIOLOGIQUES ET THÉRAPEUTIQUES

Par le docteur HERPIN

1 vol. in-16, de 362 pages. . . . . 3 fr. 50

ENVOI FRANCO CONTRE UN MANDAT POSTAL

MINÉRALOGIE, GÉOLOGIE, PALÉONTOLOGIE

LES ANCÊTRES DE NOS ANIMAUX
DANS LES TEMPS GÉOLOGIQUES
Par Albert GAUDRY
Professeur au Muséum d'histoire naturelle, Membre de l'Institut
1 vol. in-16, avec 49 figures. . . . . 3 fr. 50

LES TREMBLEMENTS DE TERRE
Par FOUQUÉ
Professeur au Collège de France, membre de l'Académie des sciences..
1 vol. in-16, avec 50 figurés. . . . . 3 fr. 50

LES PLANTES FOSSILES
Par B. RENAULT
Aide-naturaliste au Muséum d'histoire naturelle.
1 vol. in-16 de 400 pages avec 53 figures. . . . . . 3 fr. 50

LES VOSGES
LE SOL ET LES HABITANTS
Par G. BLEICHER
Professeur d'histoire naturelle à l'École de Nancy.
1 vol. in-16, de 320 pages, avec 28 figures. . . . . 3 fr. 50

ORIGINE PALÉONTOLOGIQUE DES ARBRES CULTIVÉS
OU UTILISÉS PAR L'HOMME
Par le marquis G. de SAPORTA
Membre correspondant de l'Institut.
1 vol. in-16, avec 44 figures.. . . . . 3 fr. 50

MINÉRAUX UTILES ET EXPLOITATION DES MINES
Par L. KNAB
Répétiteur à l'École centrale des Arts et manufactures.
1 vol. in-16, avec figures. . . . . 3 fr. 50

ENVOI FRANCO CONTRE UN MANDAT POSTAL

ANTHROPOLOGIE, ARCHÉOLOGIE

L'ÉGYPTE AU TEMPS DES PHARAONS
LA VIE, LA SCIENCE ET L'ART
Par Victor LORET
Maître de conférences à la Faculté des Lettres de Lyon.

1 vol. in-16, de 316 pages avec 18 planches. . . . . . 3 fr. 50

LE PRÉHISTORIQUE EN EUROPE
CONGRÈS, MUSÉES, EXCURSIONS
Par G. COTTEAU
Correspondant de l'Institut.

1 vol. in-16, de 313 pages, avec 87 figures.. . . . . . 3 fr. 50

L'ARCHÉOLOGIE PRÉHISTORIQUE
Par le baron J. de BAYE
Membre de la Société des antiquaires de France.

1 vol. in-16, avec 51 figures. . . . . 3 fr. 50

L'archéologie des temps primitifs est une science de date récente. Elle emprunte beaucoup à d'autres sciences presque aussi nouvelles. Elle est en effet intimement associée à la géologie, à la paléontologie, à la minéralogie et à l'anthropologie.

C'est par l'heureux accord de ces diverses sciences que M. le baron de Baye a étudié successivement l'époque néolithique, la pierre polie, les grottes, les sépultures, la trépanation préhistorique, les flèches, les haches, les parures, la céramique. C'est là un ensemble plein d'intérêt, qui ne peut manquer d'attirer l'attention des collectionneurs.

LES PYGMÉES
LES PYGMÉES DES ANCIENS D'APRÈS LA SCIENCE MODERNE
LES NÉGRITOS OU PYGMÉES ASIATIQUES
LES NÉGRILLES OU PYGMÉES AFRICAINS
LES HOTTENTOTS ET LES BOSCHIMANS
Par A. de QUATREFAGES
Professeur au Muséum, Membre de l'Institut

1 vol. in-16, avec figures. . . . . 3 fr. 50

L'HOMME AVANT L'HISTOIRE
Par Charles DEBIERRE
Professeur à la Faculté de Lille.

1 vol. in-16, de 304 pages avec 84 figures.. . . . . . 3 fr. 50

ENVOI FRANCO CONTRE UN MANDAT POSTAL

ZOOLOGIE, BOTANIQUE

LA GÉOGRAPHIE ZOOLOGIQUE
Par le Docteur E.-L. TROUESSART

1 vol. in-16 de 320 pages, avec 50 figures . . . . 3 fr. 50

LA LUTTE POUR L'EXISTENCE
CHEZ LES ANIMAUX MARINS
Par L. FREDERICQ
Professeur à l'Université de Liège

1 vol. in-16 de 303 pages, avec 37 figures. . . . . . 3 fr. 50

LES FACULTÉS MENTALES DES ANIMAUX
Par le Docteur FOVEAU DE COURMELLES

1 vol. in-16 de 330 pages, avec fig. . . . . 3 fr. 50

LE TRANSFORMISME
Par Edmond PÉRIER
Professeur au Muséum.

1 vol. in-16, avec 80 figures. . . . . 3 fr. 50

L'auteur étudie la doctrine transformiste pour arriver à une explication du monde vivant. Il fait connaître les origines de la question, ce qu'elle était avec Lamarck, Geoffroy Saint-Hilaire, Ch. Darwin et Hœckel, ce qu'elle est devenue entre les mains des naturalistes de l'époque actuelle, et comment elle est arrivée à grouper en un même faisceau les données si longtemps éparses de la paléontologie, de l'anatomie comparée, des sciences descriptives, et de l'embryogénie. En laissant de côté les hypothèses, il résume ce que l'on a réussi à savoir de plus précis sur l'origine des formes actuelles du Règne animal et sur celle de l'Homme.

SOUS LES MERS
CAMPAGNES D'EXPLORATIONS DU *TRAVAILLEUR* ET DU *TALISMAN*
Par le marquis de FOLIN
Membre de la Commission scientifique d'exploration des grands fonds de la Méditerranée et de l'Atlantique.

1 vol. in-16, avec 46 figures. . . . . 3 fr. 50

LA BIOLOGIE VÉGÉTALE
Par P. VUILLEMIN
Chef des travaux d'histoire naturelle à la Faculté de Nancy.

1 vol. in-16, avec figures. . . . . 3 fr. 50

ENVOI FRANCO CONTRE UN MANDAT POSTAL

PHYSIOLOGIE

LA SCIENCE EXPÉRIMENTALE

Par le professeur Claude BERNARD, membre de l'Institut.
Nouvelle édition. 1 vol. in-16 de 450 pages, avec fig.   3 fr. 50

L'ÉVOLUTION DU SYSTÈME NERVEUX

Par H. BEAUNIS
Professeur à la Faculté de médecine de Nancy.

1 vol. in-16 de 320 pages avec 200 figures. . . . . . . 3 fr. 50

LES POISONS DE L'AIR

L'ACIDE CARBONIQUE ET L'OXYDE DE CARBONE

EMPOISONNEMENT ET ASPHYXIE
PAR LES PUITS, LE GAZ DE L'ÉCLAIRAGE, LE TABAC A FUMER,
LES POÊLES, LES VOITURES CHAUFFÉES, ETC.

Par N. GRÉHANT
Aide naturaliste au Muséum, Lauréat de l'Institut.

1 vol. in-16 de 320 pages, avec 21 figures . . . . 3 fr. 50

PSYCHOLOGIE PHYSIOLOGIQUE

HYPNOTISME, DOUBLE CONSCIENCE

ET ALTÉRATIONS DE LA PERSONNALITÉ

Par le docteur AZAM
Professeur à la Faculté de médecine de Bordeaux
Avec une préface par le professeur **CHARCOT**

1 vol. in-16, avec figures.   . . . . 3 fr. 50

LE SOMNAMBULISME PROVOQUÉ

ÉTUDES PHYSIOLOGIQUES ET PSYCHOLOGIQUES

Par H. BEAUNIS
Professeur à la Faculté de médecine de Nancy.

Deuxième édition. 1 vol. in-16, avec figures. . . . . 3 fr. 50

MAGNÉTISME ET HYPNOTISME

EXPOSÉ DES PHÉNOMÈNES OBSERVÉS PENDANT LE SOMMEIL NERVEUX PROVOQUÉ
AVEC UN RÉSUMÉ HISTORIQUE DU MAGNÉTISME ANIMAL

Par le docteur A. CULLERRE

Deuxième édition. 1 vol. in-16, avec 28 figures.   . . 3 fr. 50

ENVOI FRANCO CONTRE UN MANDAT POSTAL

Imp. A. Rey, Lyon. — 7757

LIBRAIRIE J.-B. BAILLIÈRE et FILS

9 782013 694582